中國歷史上的科學發明

插圖本

錢偉長 ———— 著

中國歷史上的

科學發明

插圖本

香港中和出版有限公司
www.hkopenpage.com

出版説明

　　本書是中國著名科學家錢偉長為青少年所作的一本科普讀物。1953年由中國青年出版社出版。1987年由重慶出版社出版修訂版，作者在修訂版中有較大增刪，總篇幅增加一半。除此之外，也由不同出版社先後出版過本書，其中包括北京出版社的全新插圖本。本書出版迄今，科學史研究繼續發展，考古、文博、古典文獻研究發現也在進步，圖像資料比過去更為完備。現出版繁體插圖本，透過圖文並茂的形式，增加讀者閱讀這一經典科普讀物的趣味。

　　本書寫作和修訂的時間跨越上世紀五十年代至八十年代，內容有時代的印記，行文用語也具時代特徵，繁體版以北京出版社插圖本為基礎出版，保留了原貌，對語言文字等也不做現代漢語的規範化統一；對本書中個別表述則加以編注。

中和編輯部

殷周時期協田耕作場景

漢代青銅犁範

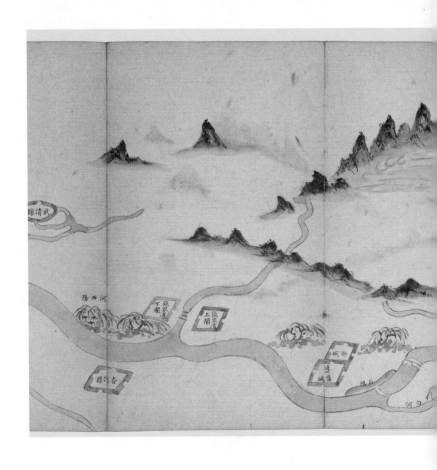

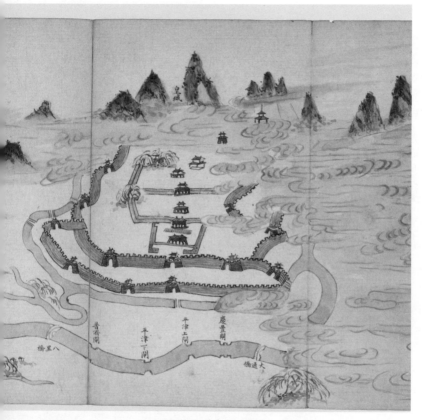

清中期全漕運道圖 —— 京津冀段

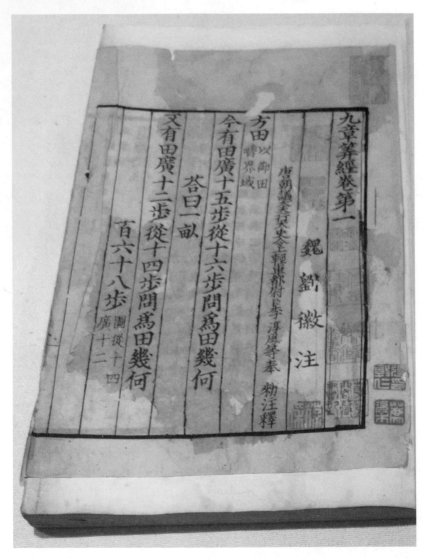

九章筭經卷第一

魏　劉徽　注

唐朝議大夫行太史令上輕車都尉臣李淳風等奉
敕注釋

方田以御田疇界域

今有田廣十五步從十六步問為田幾何

荅曰一畝

又有田廣十二步從十四步問為田幾何

百六十八步　圖從十四廣十二

《九章算經》宋刻本書影

河南濮陽仰韶文化時期「龍虎北斗圖」

北京古天文台上古天文儀

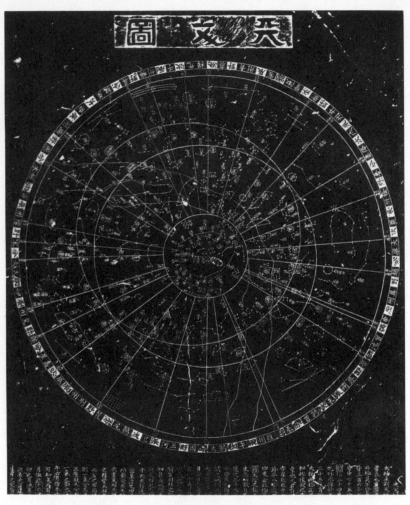

蘇州宋代石刻天文圖

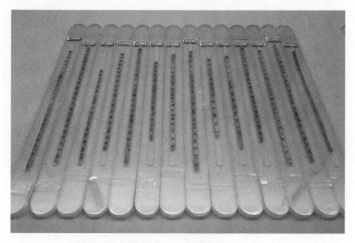

湖北荊門郭店出土戰國楚簡

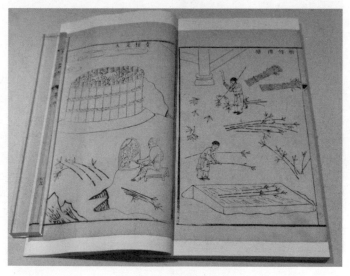

《天工開物》明刻本書影

元至正十一年火銃

福建泉州灣挖掘的宋代古船

山西五台山佛光寺大殿

天津薊州獨樂寺觀音閣

河北趙縣趙州橋（安濟橋）

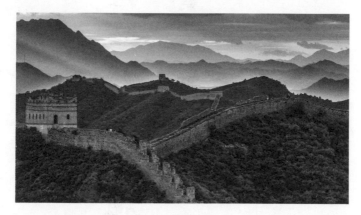

長城

厚德載物　自強不息

為人民服務

錢偉長

一本父親寫給我的書

　　我出身於書香之家，書是我家三代最重要的物質財富，讀書是全家人最大的精神享受。從記事起，媽媽每晚都要給我讀一段故事，然後我帶着書中的那些悲歡離合進入夢鄉。我從小學三年級開始自己讀書，無論在清風習習的夏夜翻動書頁，還是在北風蕭蕭的寒冬圍爐夜讀，都成為兒時揮之不去的最溫馨的回憶。大約從小學五年級起，我可以自己買書了。那時的新華書店都是閉架售書，因為是常客，售書的阿姨特許我進櫃台選書，我還能縮在櫃台裡面悄悄地讀書。有一次我買了一本講宇宙和天文的少兒讀物，書中講述了很多有趣的知識——為何月亮有圓缺、為何一年有四季；地球有八個兄妹一起繞着太陽轉……我和媽媽談及此事，她告訴我，這是一套講科學的書，如果喜歡，還可以讀其他幾本。於是我成為了這套叢書的忠實讀者，為了滿足我的需求，書

店曾經向新華書店總店調貨。

　　一天，父親偶然從我小書架上一堆童話書中看到這些科普讀物，問我看得懂嗎？喜歡甚麼？我說從書中我知道了很多新鮮事，還認識了許多大科學家。他問我知道哪些科學家，我如數家珍般道出了伽利略、哥白尼、牛頓、瓦特、愛迪生⋯⋯他又問我：「這些都是外國人，你還知道哪些中國的科學家？」我想了半天，猶猶豫豫地報出李冰（我在四川出生，媽媽帶我去過都江堰）、華佗（媽媽講故事提到）。父親有些不快，惋惜地責備我：「你是個中國人，怎麼只知道外國人的本事，不知道咱們老祖宗的功勞？」我當即理直氣壯地回答：「因為書上沒有寫過，你也沒有講過！」父親沉默了。

　　這是我第一次讓父親無言以對。

　　此後我發現在父親的書桌上，除了一摞一摞的精裝外文書以外，還出現了線裝中文書。

　　我的外公收藏古籍。在他的幾個兒女中只有媽媽是學中文的，因此他到晚年就將這些珍藏都送給了媽媽。父親書桌上的線裝書酷似外公的收藏，為甚麼父親要看外公的書了？也是這段時間，媽媽常常從外面帶回一包一包的古籍。這些書與家中的藏書不同，不但有文字，還有圖。我好奇地翻看，媽媽急忙制止我，她說這些書都是從圖書館或叔叔阿姨家借

來的，十分珍貴，萬一撕壞或弄髒了，實在賠不起。我奇怪
父親為甚麼要讀這麼貴的書，媽媽說：「爸爸要給你講中國科
學家的故事！」

在我初中二年級開學不久，父親把一本薄薄的小書放在
我的面前，緩緩地說：「三年前你埋怨我沒有給你講過中國的
科學發明，今天我講給你。」他接着指出，幾千年來，中國
一直是走在世界前列的科技強國，只不過晚清封建社會和國
民黨的腐敗統治才讓中國積貧積弱，受盡欺凌。現在新中國
掙脫了枷鎖，成為東方的大國，但是無論在經濟還是科技方
面，我們仍然落後。最後他語重心長地說：「我給你這本書，
是希望你和你們這一代人，能從中受到啟發、受到鼓舞，長
大以後努力把我們的國家再次建設成世界強國！」父親交給
我的，就是《我國歷史上的科學發明》（現名《中國歷史上的
科學發明》——編者注）。

回想二十世紀五十年代初，父親剛招收了新中國第一批
力學研究生，並全力以赴地展開「彈性圓薄板大撓度問題」
的研究（此後這個研究成果獲得國家科學獎）。也是在這時
候，他成為中國科學院學部委員（院士），並被委任為中科院
數學所力學研究室主任，積極籌劃組建力學所。同時他還擔
任清華大學教務長，投身於二十世紀五十年代開始的高等院

校翻天覆地的院系調整與教材更新中。此外他還在 1950 至
1951 年被選為北京市人大代表、中華全國青年聯合會的常委
及副秘書長、中國科學工作者聯合會常委兼組織部副部長、
中國民主同盟中央常委。在新中國成立後百廢待興的年代，
有多少事需要他全心全意地投入，但是《我國歷史上的科學
發明》正是在這個階段成書，顯然，他認為向新中國的青少
年介紹祖國古代的科學發明同樣重要。

　　書寫中國科學技術史話首先需要精通文言文，對此父母
可謂得天獨厚。父親的古文造詣來自家傳。我的祖父錢摯是
清末的讀書人，靠教書為生，可惜英年早逝，父親靠他的四
叔 —— 著名的國學大師錢穆接濟讀完高中。考清華時，一
道有關二十四史的考題難倒諸多考生，甚至有人交了白卷，
但是父親得到滿分。母親作為清華大學文學院中文系的高材
生，曾師從朱自清、陳寅恪、聞一多等教授，有扎實的文言
文功底。

　　寫作還需要大量的資料，這才是真正的難點。那時沒有
「百度」「知乎」，沒有「谷歌」，有關科技史的材料散落在古
代典籍中，即使找到有益的參考資料，按照父親做學問的習
慣，也要盡量找到原文加以印證。當時我國古籍復刻的工作
尚未起步，涉及的原本多屬收藏級的珍本。他們通過自己師

生、朋友的關係，由母親出面，跑遍北京各院所的圖書館、資料室，或調閱、或摘抄，並為此建立了專用的卡片櫃，父親再對獲得的資料進行評價總結，並撰寫成文。這些工作大都是在晚上十二點繁忙的業務工作完成之後才能進行，有的章節甚至是在父親參加抗美援朝慰問團赴東北的火車上通宵撰寫的。父親陸續將《中國古代的科學創造》《中國古代的三大發明》等文章投稿給《中國青年》雜誌，算是階段性成果。從 1950 年到 1953 年，父親用了三年時間寫出了六萬餘字的《我國歷史上的科學發明》，這是在他一生所有著作中耗時最長、字數最少的一本。書籍付梓之後，父親還在考察、參觀、旅行途中搜集第一手資料，希望可以不斷完善本書的內容和圖片。從 1953 年至今，包括北京出版社在內，已經有五家出版社先後出版本書。現在讀者看到的《中國歷史上的科學發明》，是父親與幾代編輯心血的結晶，而這本爸爸寫給我的書，已經激勵着三代年輕人踏上了建設祖國的征程。

　　光陰似箭、日月如梭。悠悠歲月中我慢慢體會到父親當年在百忙之中堅持寫這本書的良苦用心：它不僅是一本科普書，更是一本愛國主義的教材。

　　細心的讀者會發現，《中國歷史上的科學發明》不單純是一部中國科技發展史，還是一部中外科技發展的比較史。在

每個章節、每個重大的科學發明中，父親都盡可能地找出西方或其他文明古國達到同樣水平的時間，還對很多技術給出了從東向西傳播的路線圖。他是用事實告訴讀者，在人類幾千年的科技發展史中，我們中國人曾經做得更早、更好，曾位居領跑者的行列。愛國不僅是愛我們秀美的山川土地，愛我們勤勞勇敢的人民，愛我們蒸蒸日上的時代，更重要的是傳承我們的文化與傳統、了解我們成長的歷程，為我們的成就而自豪，為我們的挫折而警醒。人類歷史不僅是朝代的更迭、政治經濟體制的轉換，還包括文化的發展、科技的進步。父親就是希望通過這本小書，默默地用愛國之情浸潤讀者的心靈，增強青年讀者的民族自豪感與文化自信心，讓我們能在風雲變幻的征途上臨危不懼、榮辱不驚，為建設祖國奮勇前進。

　　1972 年父親隨中國科學家代表團訪問美國，在一次記者招待會上，一個刁鑽的記者挑釁地發問：「1949 年以來，中國有甚麼科學發明，可以算作是對人類的貢獻呢？」父親毫不猶疑地答道：「新中國成立以來，中國人民在重建家園中，認識到任何一個國家、任何一個民族，不論曾經多麼落後、多麼貧窮，只要國家獨立，民族團結，萬眾一心，努力建設，就一定能自力更生建設自己的工業、農業，逐步趕上世界上

最富有的發達國家，這就是中國人民最重要的科學發明和
對人類的貢獻！」當時全場掌聲雷動，很多華僑、華人老淚
縱橫。

　　謹以這段發言作為本書最精煉的寄語。如果年輕的讀者
還能從本書得到樂趣，受到教益，那麼就是對一位老科學家
最熱情的點讚，最深情的紀念。

錢元凱

2020 年 7 月 2 日

目錄

原版緒言

　　我們偉大的祖國，有着悠久的歷史和豐富的文化遺產。幾千年來，我們的祖先在自己開闢的廣大土地上，不斷地勞動着、創造着、和自然搏鬥着，獲得了無數寶貴的經驗，留下了不少光輝的科學發明；這是辛勤勞動的果實，也是千千萬萬勞動人民智慧的結晶。這些果實，不但豐富了我們生活的內容，推動了我們生產的發展，也為今天全人類的文明和生產事業，提供了便利的條件，奠定了一部分必要的基礎。

　　舉一些例子來說，比如我國有四大發明：指南針、造紙、印刷術和火藥。指南針在航海上的應用，基本上克服了遠航重洋的困難；造紙、印刷 —— 尤其是活字版等技術的發明，促進了文化的廣泛傳佈；火藥的發明，直接便利了煤礦的採掘，間接推動了近代工業的發展。再如，我國在蠶絲、紡織、造船、農業、醫藥⋯⋯各方面都有特殊的貢獻，這些貢獻，

後來都廣泛地流傳到全世界。

　　我們祖先的這些偉大的創造，都是為了解決生活和生產上的實際需要，一點一滴，經過長期的努力，累積極其豐富的經驗而完成的。許多科學創造，如農業、蠶桑和水利工程，在各種不同的地區，還結合着當地的實際情況，有了多方面的發展。

　　然而，過去歷代反動統治者對科學和科學工作者，是一貫歧視的。比如，今天在我們祖國的土地上，還保存着許多偉大的建築和雕刻，過去的統治階級一直把製作這些優秀藝術品的設計者、創造者，叫作卑賤的「匠人」，甚至連他們的姓名也給埋沒掉。這些統治者們只顧殘酷地壓迫和剝削人民，盡量享受人民勞動的成果，卻從來不尊重人民的創造。就是那些熱愛科學的知識分子，也是傳統地為「士大夫」們所不齒，他們在科學上的成就，也一直被「士大夫」們看作是「雕蟲小技」，被譏笑為「不務正業」，不走「正道」。因而，許多科學創造，不能得到應有的發展，有的受到阻撓，從而停滯不進，有的竟至失傳。本來科學技術的發展是和生產的發展分不開的。當西洋各國經歷了產業革命，脫離封建的束縛，進入資本主義的近代生產規模的時候，科學技術受到生產的刺激，有了很大的發展。可是，當時我國依然處在黑暗

愚昧的封建統治之下。後來，受到資本主義國家的侵略，我國又陷入半封建半殖民地的地位。在這樣的歷史情況之下，不但科學創造依然遭受到阻撓和歧視，而且由於崇拜「西方文明」那種奴才心理的作祟，連我們祖先的一些偉大創造，也遭到極不應該的鄙棄。帝國主義和它的走狗們，更是有意識地狂妄地歪曲和毀謗我們中國人民的這些創造，企圖藉此抹煞中國在世界歷史上的地位。

今天，由於我國人民革命的偉大勝利，我們打倒了封建主義和帝國主義兩大敵人，完全改變了我國的歷史情況。我們在光輝的毛澤東的旗幟下，正在掀起轟轟烈烈的建設高潮。由於生產力已經得到解放，科學技術一定會有飛躍的發展。我們應該學習祖先們刻苦耐勞的實踐精神，珍視他們在科學方面的一切創造，並把這些創造發揚起來。同時，我們還應該學習蘇聯先進的經驗，滿懷信心地、沉着地前進。相信將來我們自己一定會有更多的科學創造，貢獻給全世界，來豐富人類的生活，來為人類謀取更大的幸福。

1953 年 8 月載於中國青年出版社印行的第一版

修訂版緒言

　　《我國歷史上的科學發明》一書是 1952 年間分段寫成，1953 年由中國青年出版社首次出版的。當時正是抗美援朝後期，全國人民在中國共產黨的領導下，一邊無私地支援朝鮮人民的戰鬥，一邊熱情地進行大規模的建設，改變着貧窮落後的面貌，祖國大地如沉睡初醒，不論城市和農村，到處都有勞動大軍的建築工地。但是，對科學技術能否趕上世界先進水平，在不少人心目中，存有疑問。為了鼓舞國人的自尊心，尤其是青年一代的自尊和自信，特用我國歷史上大量科學發明和創造的事實，草成此書，供國人參考，特別是供青年人閱讀。所以，本書的體裁，既非歷史，又非學術考古，是一本盡可能簡明易懂的雜文彙編，是一本宣傳愛國主義的青年通俗讀物。

　　1953 年以後，我國各出版社曾出版了大量類似的讀物，

多數只專於一個方面，有些是考證性的，有些是歷史性的，從而給二十世紀五十年代一輩的青年提供了大量豐富的營養。當時大批的青年們，信心百倍地走向祖國各條戰線，奮發圖強，以能繼承和發展祖國的優秀文化和物質建設而自豪。可惜曾幾何時，在進入二十世紀六十年代和七十年代以後，這種實事求是的愛國主義教育少見了，這類出版物不僅變成鳳毛麟角，而且還淪為批判的對象。

　　自 1978 年起，在黨中央改革開放的英明政策號召下，我國不斷從世界工業先進國家引進設備，引進技術，引進人才，也大量派遣留學生和科技人員出國進修深造。為了短期內趕上國際先進的生產水平，這些措施是必要的，而且成效也是顯著的。但在這改革開放的過程中，全國也刮起了一陣唯洋是好的崇洋媚外之風，給一代青年帶來了毒害。另一方面，那種夜郎自大閉關自守的風氣，給我國人民帶來的落後和不幸，是人所共見的，若任其發展，則在當前世界各民族的劇烈競爭過程中，中華民族殊不免有被「開除球籍」的危機。黨中央改革開放的決策的實施，及時阻止了這一危險的風向，這是我國人民的大幸。改革開放使我們看到了現代科學技術在世界各國的成就和實況，也看到了各先進工業國家經濟發展和生產建設的經驗和教訓，使我們有可能在人家現

有的基礎上努力攀登，創新前進。同時，也使我們認識到，真正的現代化的實現，還是要靠我國廣大的工人、農民、知識分子在自尊自信的基礎上，團結自強、奮發創造，才能達到。《我國歷史上的科學發明》一書在重慶出版社修訂出版，就在於鼓動我國青年在改革開放進行宏偉的現代化建設中，應該持有自尊自信的愛國風貌。

這裡也必須指出，本書 1953 年版中的「指南針和指南車」「造紙和印刷術」「火藥」等三章，曾翻譯成維吾爾文及蒙古文，編入民族出版社出版的《愛我們偉大的祖國》(1953 年)一書中。此外，本書 1953 年版中的「建築」一章，曾由劉泓同志譯成俄文，在蘇聯科學院《科學技術史問題》創刊號上發表 (1956 年)。同時，晚至 1976 年，本書 1953 年版曾在香港出現了「盜版」，該盜版和原版在內容上完全一致，只是書名改為《科學發明史話》，作者改為「偉場」，出版者改為「香港青年出版社」。所有這些都說明，本書的修訂版，對青年的愛國主義教育仍有參考價值。我們偉大的民族曾為人類歷史寫下輝煌的篇章，華夏後裔一定要有信心珍視過去，開創未來。

錢偉長

1987 年 10 月於北京木樨地

一·農業科學

　　幾千年來，我們的祖先一直把農業生產作為主要的勞動。今天，在祖國遼闊的領土上，有着廣大的肥田沃土，供給我們衣食的資源。這並不是偶然的事情，而是勞動人民不斷和自然鬥爭的結果。在這長期的鬥爭過程中，我們取得了輝煌的成就，比如把山野植物栽培成穀物，把野獸馴養成家畜，把飛鳥飼養成家禽；再如，經常和洪水鬥爭，使河流聽人們的話。在這種種鬥爭的場合，湧現出許多偉大的、優秀的科學家、工程師和發明家，他們光榮地創造着，累積了許多鬥爭經驗，以豐富人民的生活。

　　還在很早的年代，在祖國的大地上，人們就開始種植稻、麥、黍、粟。到殷代時（約 3300 至 3400 年前），人們的祖先在栽培穀物的方法上，已經積累了不少的經驗。那時的播種是疏成行列的，畦與畦之間有一定的間隔，這就改進了

星散叢生的原始做法。到了西周時代（約 3000 年前），我們的祖先又懂得了消滅雜草、深耕、寬壟等生產方法。在現存的當時作品《詩經·小雅》各篇中，便散見着這類記載。

　　大概也在西周時代，我們的祖先，為了克服不利於農業生產的自然條件，創造了輪流休耕的「三圃制」。那是把每年耕種的土地，留下三分之一，互相輪替；這種輪流休耕的方法，便是後代「輪耕法」的起源。《詩經》上有「薄言採芑

元代王楨《農書》中的圃田

(qǐ)，於彼新田，於此菑畬（zī yú）」的話（見《詩經·小雅·
彤弓之什·採芑》）。「新田」是初闢的田（一說是已輪耕三
年的田），「菑」是種過一年的田，「畬」是種過兩年的田。這
種輪耕的應用，使農業的生產提高了一步。

　　我們的祖先，對於農作物的習性，也有長期實踐的豐富
知識。比如說，每種生物體的生活條件是不同的。如果懂得
這個原理，在農業上，就可以減少災害的損失。《漢書·食
貨志》記載，當時在播種穀物的時候，往往雜種黍、稷、麻、
麥、豆五種。如遇災害，其中一兩種雖遭災，但其他的就可
以避免受災。這種辦法直到現在，也還是我國農業生產上，
克服不利的自然條件的有效辦法之一。

　　到西漢時代（約 2000 年前），出現了不少優秀的農業科
學家，像氾（fán）勝之、趙過等，都有新的發明。氾勝之提
倡「區田法」：把田地分作多個小塊，在中間挖成 1 尺 ① 深的
小溝，堆上腐敗的植物，以防止地面水分的蒸發。趙過創造
「代田法」，代田就是輪耕：在田裡挖寬、深各 1 尺的溝，溝
裡種植穀物，出苗以後，隨長隨在苗根培土，到夏天時，壟
盡根深，既能抗風又能抗旱；第一年的溝，第二年變成了壟，

----

① 3 尺＝1 米。

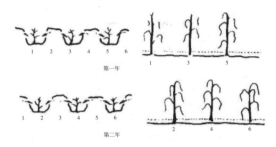

「代田法」經營示意圖

第一年的壟，第二年變成了溝。這種溝壟相代、深耕操作的方法，保持着土壤的肥力，並可以使土地的產量增加近一倍。

　　此外，在西漢時代，氾勝之就推廣「雪汁治種，收成常倍」的經驗。到今天，在祖國廣大的農村中，尤其在西北一帶，還流傳着這種優秀的古法，把這種方法用在麥種方面；像在太行山地區的涉縣、武安、輝縣、林縣等地，在冬至後用雪水拌種，共拌四十九天，稱作「七七小麥」。也有個別地區，在冬至日將小麥浸在井中，每七天一次，共浸九次，稱作「七九小麥」。又如北京近郊一帶，在冬季把小麥播種土中，稱作「凍黃」；也有在冬至後將種子播下，使雪覆蓋，稱作「悶麥」。以上種種「催青」的古法，充分表示了我們祖先在農業生產上的卓越創造。

自從近代農業科學家提出「春化作用」的理論以後,「春化作用」引起了人們廣泛的注意。「春化法」的主要內容,就是應用外界的條件(特別是溫度),控制生物的發育階段,使生物有定向的、按照人類所需要的時間(如秋麥春種)和空間(如溫帶植物移植寒帶)而發育,並提高它的品質和產量。

前面已經說過,類似「春化法」的方法,我國古代叫作「催青」,最先是應用在五穀的種植上,後來才漸漸推廣到蔬菜及其他的農作物上,增加了農作物對病害和嚴寒的抵抗力,如太行山區的「住冬八瓣蒜」,陝北的「悶穀」等,都是提高產量的技術。而且,「催青」在我國古代,不僅限於農作物,就是在動物的種卵方面,也同樣地引用,例如蠶子催青等。這些天才的古代農事創造,都是農民群眾智慧的表現。這些創造,有力地克服了大自然對於農業生產的嚴格限制。

蠶桑事業在我國,也是開始得很早的。在新石器時代的遺物裡,考古學家們曾經發現了半個蠶繭的化石(在山西西陰村)。《詩經》裡也有多處提到了蠶和桑的詩篇。至少在3000年前,華北一帶對蠶桑的培養,是比較普遍的事業。蠶桑和苧麻一樣,到漢代才普及到江南一帶。到晉、南北朝以後,因為中原常有戰禍,桑田又都破壞,蠶桑事業才成為江南的主要農事。在古代華北等地的桑樹,大概是柘(zhè)樹、

南宋梁楷《蠶織圖》（局部）

壓（yǎn）樹、柞樹一類，所以蠶種也和現代江南所見到的很
有差別。東漢的茨充、王景等領導着人民，經過長期的努力，
突破了地理環境的限制，移植了桑樹，改良了蠶種，才使江
南有今天的成績。直到現在，遼東、遼西、山東、四川各處
丘陵地帶，還保留着古代的柞蠶，成為這些地區的農村主要
副業。可見蠶桑事業，在古代農村裡，起着重要的經濟作用。
勞動人民追念這種光輝的創造，流傳着偉大的名字「嫘（léi）
祖」，產生了不少的神話，對她表示尊敬和熱愛。而且，在中
世紀以前，這種發明就被傳到了歐洲。這是中國人民的勞動
創造，是對人類物質文明的重要貢獻之一。

　　也是從很早的時候起，我國勞動人民就栽培野生的豆類
植物，把它當作日常的食物。進一步還創造了豆腐、豆腐皮
等豆汁硬化的食品，為人們增加食物營養。繼而發現了豆類

發酵的過程，從這種過程裡提煉醬油和醬。這些食品工業的發明和創造，都使人民的生活增加了豐富的內容。

我國蔬菜的種類之多，是世界上任何國家都無可比擬的。蔬菜中要以白菜最普遍。白菜古時稱菘（sōng），在我國栽培最早，種植地區也廣，品種眾多而優良。例如：天津綠白菜、山東膠菜、遼東太窩心白菜、浙江黃芽菜、杭州油冬兒、濟南油冬菜、南京瓢兒菜、常州烏塌菜、山東苔菜等，都是白菜的變種或亞變種。這些有名的品種，都是經過農民大眾的辛勤栽培，在無數年代中，共同選取的優良品種。其他如蘿蔔（蘆）、黃瓜（瓜）、葫蘆（壺）、韭、水芹（葵）、瓠瓜等蔬菜植物，郁李、野葡萄（薁 yù）、棗等果類植物，桑、麻、漆、桐等工藝植物的種植，也都是我們的祖先在長期努力下，所取得的勝利果實。由於護養培育方法不斷改良，植物本身的形態也有所變化，因而又產生了新品種。所以我國人民的食品種類繁多，生活豐富，比起歐美各國那樣簡單的只有肉類、魚類、麥和少數蔬菜為主要的食物來，我們實應驕傲地懷念着我們偉大的祖先們。

在這些偉大的農事發明裡，民間傳說着許多光輝的名字、如神農、伏羲、嫘祖等神話似的發明家；這些發明家的出現，早在四五千年以前。雖然，他們很多只是留下了象徵

武梁祠神農像

性的名字，也許他們是代表一個氏族，並無足夠的正確史料
供我們查考；但是，人民不斷懷念着這些與人民生活需要有
密切聯繫的創造者，並不因為歷史的模糊不清，而減少了對
他們的尊敬和熱愛。

我國第一本農事科學的巨著是《氾勝之書》，可惜現在
已經失傳，我們只能從後來的農學書籍裡，見到引用它的文
字。我們從引文裡理解到，氾勝之是西漢時代偉大的農業科
學家和實踐家。現在遺留的古書裡，保存完整最早的一部
農書是北魏賈思勰（xié）著的《齊民要術》，約成書於公元
533 至 544 年。全書分十卷有九十二篇。分別科學地論述各
種農作物、蔬菜、果樹、竹木的栽培，家畜家禽的飼養，農

產品加工釀造，貯藏和副業等。它比較系統地總結了六世紀以前和當時黃河中下游地區勞動人民豐富的農業生產經驗，並附錄了祖先們吸取其他民族農業經驗的要點。書中所記載的旱農地區的耕作和穀物栽培方法、果樹嫁接技術、家畜家禽的去勢肥育和多種農產品加工的經驗，以及對土地利用、輪作、精耕細作、選種、防旱保墒等的見解，都顯示出當時我國農業已達到相當高度的水平。

公元 1273 年（元至元十年），由司農司編輯的《農桑輯要》，大量輯集古代到元初的農書，保存了不少已佚農書中的寶貴資料。書中分別論述了作物栽培，家畜、家禽、蠶、蜂的飼養，特別提倡對於棉花、苧麻的栽培，認為不應受風土說所限制。同一時期的王禎所著《農書》（三十七卷，佚失一卷），也提倡種植棉麻等經濟作物和改良工具。

明末徐光啟（公元 1562 至 1633 年）的《農政全書》是另一部偉大的農學著作。公元 1621 年（明天啟元年），徐光啟被罷黜離開京城回到上海後，在自家的試驗田裡進行農業科學研究，並得以將醞釀多年的《農政全書》加以整理，到公元 1628 年（明崇禎元年）寫完，當時尚未定名，也不得出版。直到他逝世後六年，由陳子龍主持整理修訂，到公元 1639 年（明崇禎十二年）才刊行問世。

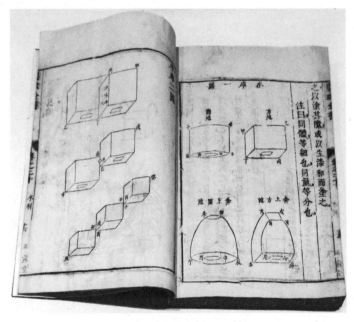

明末徐光啟撰《農政全書》書影

　　《農政全書》共六十卷十二門類，50 餘萬字。書中記敘
了歷代有關農業生產、農業政策的經史典故和諸家議論；敘
述了古代土地制度、古代農學家關於田制的論述以及徐光啟
自己的見解；具體反映明代農、林、牧、副、漁等多種經營
的情況 —— 土地利用、各種耕作方法、農田水利、農具、農
時，開墾、栽培總論（包括樹藝、蠶桑、畜牧、養魚、養蜂、

造房、家庭日用技術）等；最後講「荒政」，詳細考查歷代救荒政策和措施。全書中最突出的是「水利」和「荒政」二門，徐光啟認為增加農業生產和救災備荒，以安定人民生活，是當時急需解決的問題。徐光啟是一位注重實踐的科學家，他參加過天津的屯田勞動和試驗田的操作，他提出荒年可以充飢的野生植物，在書裡提出的 400 餘種，有很多是他親口嘗試並注明「嘗過的」。他隨時隨地採訪摘記農民的經驗，書中關於棉花的種植、苧麻的掘根分栽等都得之於「老農」「老圃」的實踐。他是一位重視資料的科學家，尊重前人的工作，書中引用文獻幾百種，集中了我國古代農書的精華，可以說是那個時代我國農業科學遺產的總匯。他進而運用科學的方法對所知的資料進行分析，從而找出自然規律，以認識其發展變化，這是以往的農學家所沒有做到的。比如，他搜集了自春秋時期至明朝萬曆年以前，所有蝗災的歷史記錄，進行分析研究，確定了蝗災多在每年夏秋之間的規律。

　　徐光啟是一位有遠大眼光的科學家，他的《農政全書》不僅是傳述農業生產的經驗，而且是從國家政策的高度和從全國或大的區域範圍，研究墾殖、農田水利和抗災的辦法；他系統地闡述了開墾、水利、開荒等政策措施與農業的關係，這也是前人所未做過的工作。他提出在北方要興修水

利、開展墾荒，提高農業生產，以解決南北經濟不平衡的問題，並明確提出「凡地得水皆可佃」的觀點。根據當時的政治、經濟、軍事形勢，他主張要開發北方，特別是在京津地區屯兵墾荒。這是很有價值的戰略思想。《農政全書》定稿的時期，距明王朝的覆滅，不過十幾年了，昏聵（kuì）的封建主，對徐光啟的睿思卓見是不會理解的。

上述這些農業科學的巨著，都是對我們祖先從勞動中取得的寶貴經驗，經過科學地總結以後，再加以推廣應用的；更有價值的部分是對後世的農業生產給予啟迪。歷史上記載說，元至元年間，當《農桑輯要》刊行問世以後，由於農事經驗的有效推廣，只要五六年便功效顯著。又比如《齊民要術》，它所記敘的地理範圍是黃河中下游，這一地區經過多年的戰亂，生產凋敝，人口零落。在北魏統治的約 170 年間，積極地進行「勸農課桑」，恢復、發展農業生產而逐步統一了北方。《齊民要術》對這些措施和成果的綜述，對以後幾個世紀的農業發展，是起了提供技術基礎作用的。至於《農政全書》更是高瞻遠矚，對於封建國家應該做的和能做的有利於農業發展的政策性措施，提出了卓越的見解。可見我們祖先的科學工作，是多麼緊密地結合着人民的生活和要求了。

二‧水利工程

　　中國農業生產一直表現着能維持眾多人口的特點，而為了保證農業生產的收穫，水利工程是我們億萬人民世代關心的問題。我們的祖先很早就和洪水鬥爭，主要是和黃河鬥爭；並且大量地建設灌溉工程；為了在遼闊的祖國領土上通航，又大規模地建設着運河和漕運的網路。在這些偉大的工程和建設裡，更湧現出無數優秀的工程師，累積了無比豐富的科學經驗。

　　在古代傳說裡，禹是一位水利工程師。當時黃河在華北還沒有像今天這樣的水道。黃河上源卡日曲，出於青海省巴顏喀拉山脈各姿各雅山麓，全長 5464 千米。從崑崙東泄的河水沒有固定的水道，在中下游便氾濫成滾滾洪流，只有一些高地和山陵露出水面，好像小洲和島嶼。面對這種自然的嚴重威脅，我們的祖先在當時物質條件極差的情況下，毅然

進行大規模的治水工作，展開了征服自然、征服水的鬥爭，
是非常艱巨而壯烈感人的。傳說禹原是夏后氏部落的領袖
（約在公元前二十二世紀），他吸取了前人鯀用築堤攔堵治水
而失敗的教訓，順着水性，因勢疏導，浚通江河，興修溝渠，
領導着人民一連戰鬥了 13 年，逐漸把汪洋無際的水流約束
住，在華北平原上分成九條河，流入大海。孔子曾讚揚大禹
說：「盡力乎溝洫。」河水受到約束，水流湍悍從高處下注，
沖刷力強，所以海口暢利，經久不淤。在我國歷史上這是第

武梁祠漢畫像夏禹像

一次用人力確定了黃河入海的河道，其工程的浩大是可以想見的。禹所治理的河道，經歷了 1600 餘年，沒有很大的變更。禹的治水工作遍及華北各地，傳說在 13 年中，三過家門而不入，他那忘我的工作熱忱，表現了為人民服務的優秀的民族品德。關於禹的傳說，雖然到現在還沒考古發掘到具體而豐富的物證，但是，禹的事跡在秦漢的古籍裡，佔着重要的地位。他的工作，對於當時的人們這樣有利，使廣大群眾能擺脫水患，從而發展農業，建設家園，以至後人把一切古代的水利工作，都附會給他了，以表達人們對他的不朽的功績的尊敬和感戴。

　　禹的治水工作，初步地克服了嚴重的水患，為我華夏民族打下了在這片土地上生息繁衍的基礎。但是，黃河從上游帶着大量的沙礫疾行而下，到了下游，人民都引河灌田，或鑿渠引河水通航，長年累月河水分流使水流緩慢下來，以至入海的出口漸漸淤塞。因此，一遇漲水就不時溢出，仍造成水患。這種情況一直到王莽時（公元 9 至 22 年），有位長安的灌溉工程師張戎，科學地指出了水流流速與沙淤的關係。他說：「水性是向低處流的，流快了沖刷力大，河床日漸加深，便可沒有水患。因為河水含沙量大，一石水含六斗泥，所以像目前這樣，大家引用河、渭的水灌田，使河流緩慢，

那麼沙礫就會沉積，水漲時就要溢決。而且，幾度築堤阻塞，河床就會高出地面，這是最危險不過的。我們應該順從水性，勸阻大家不要用黃河的水灌田，要使河水流行通暢，自然就沒有水患了。」張戎提出的這個問題，在古代，是符合實際情況的，也是以後有名的水利工程師們 —— 王景（東漢，公元一世紀）、賈魯（元，公元 1297 至 1353 年）、潘季馴（明嘉靖時，公元 1521 至 1595 年）、靳輔（清康熙時，公元 1633 至 1692 年）等治河的基本原則。他們根據這個原則，創造了「築堤束水，借水攻沙」的治水方法。這些工程師，在堅決執行這個原則時，還克服了不少工程上的困難，發動了千百萬的人民群眾，完成了許多偉大的修渠築堤工程。例如賈魯於公元 1351 年（元至正十一年）任工部尚書總治河防，他實地視察擬定以疏、浚、塞並舉的「治河策略」，使已決口河道北移的黃河恢復故道。徵發民工 15 萬人、軍士 2 萬，四月興工，七月疏成長達 140 多千米的故道，八月堵塞決口，至十一月全部完工，使黃河回歸故道。在進行堵口工程時，正值秋汛，水漲流急，難於施工，他就用石沉連鎖大船 27 艘，做成挑水壩，創造了水利史上有名的「石船堤」。這種石船堤的辦法，到現在還是堵口工程中的有效辦法。

又如潘季馴，在公元 1565 至 1595 年 30 年間，四度負

責治河，前後共完成堤岸 1500 多千米，是治黃工程上最偉大的事跡。這些卓越的工程師們，在施工時，都和參加工作的人們密切地結合着。潘季馴在工事緊急時，帶着背疽和群眾一起勞動，鼓勵着大家，堅定了工作情緒，使河工轉危為安。他們在施工時，還時時把治河的道理向群眾宣傳，爭取群眾的了解和信任。所以群眾提起潘季馴，都說：「不但潘老頭懂得黃河，就是黃河也懂得潘老頭。」但是，他們一面進行工作，承擔着艱巨的任務，一面還得聽着統治階級無知的攻擊嘲笑，指手畫腳的阻撓，甚至無理的責難。潘季馴在 30 年間，有好幾次不能進行工作。他曾說：「治河不難，而難眾口。」可見科學工作者在封建時代所處的境地，被統治在無知的官僚手下，使有才智的科學工作者們也不能充分發揮力量。

這些卓越的水利工作者，忠於職守做出了貢獻，他們也科學地總結出工作經驗。賈魯的同伴歐陽玄便寫出了一本《至正河防記》（公元 1360 年），很詳細而有系統地敘述着：在治堤時，刺水、截河、護岸、縷水等方法；治埽（sào）時，岸埽、水埽、龍尾、欄頭、馬頭、埽台等方法。這是人類史上第一本有系統的水利工程著作。

在沈括的《夢溪筆談》裡（卷十一‧官政一，207）還談

過一段故事：宋慶曆年間，黃河在河南商胡（今濮陽縣東）決口，多次堵塞不能成功，所用中間一個合龍門的埽長約 300 尺，總是被大水沖掉。有一位叫高超的工人建議說：「埽太長，人力壓不到底，所以水流沒有斷而繩纜都斷了。應該把埽分成三節，每節約 100 尺，兩節之間用纜索連起來。先下第一節，等它到水底之後，再壓第二節，最後壓第三節。」一些墨守成規的人爭論反對，高超解釋說：「第一節固然堵不住水，但水勢已減小一半；到壓第二節時只要用一半的力，水流沒斷但更弱了；到壓第三節時，是平地施工，可以充分使用人力，待第三節安置好後，前兩節自然被濁泥淤塞，不用再加人力。」督防的官僚不採納高超的建議，仍用 300 尺的長埽，結果還是被沖走了，決口更厲害。最後是採用了高超的辦法才把商胡決口堵住。在我國水利工程實踐中，還有無數位像高超這樣地位低微不見經傳而有聰明才智的無名工程師。

我國既有這樣廣大的領土，內陸水運是非常重要的事。我們的祖先，幾千年來在全國範圍內，開鑿了無數的運河和航道。比如，在江蘇境內最早的水利工程之一，是春秋時代，公元前 495 年，吳國的伍員（即伍子胥）以太湖為中心，領導人民開鑿的長江下游三角洲的運河網。這一地區有着無數的

港汊湖蕩，利用自然河流開闢人工運河網是較便利的。但是自然河流愈多，問題也愈多而複雜，如地形、水勢、農田旱澇等，再加上生產技術的限制，工程是十分艱巨的。勞動人民以堅強的意志，克服重重困難，天才地完成了這些運河工程。吳國原是僻遠小國，當時積極發展農業，國力逐漸強盛，再經過開發內河航運，更進一步地促進經濟繁榮，因此吳國便成為南方新興的大國了。運河網不僅對當時的經濟發展做出貢獻，而且經過不斷的疏通修浚，長期為人民所使用。人民為了感懷伍子胥的功績，將主要的一段河道稱作「胥涌」，現稱「胥江」，以為紀念。現今吳縣（今蘇州市吳中區——編者注）西南，從木瀆到太湖胥口的一段即其遺跡。

又如秦代史祿開鑿的靈渠。秦始皇擊滅六國後，建立了統一的中央集權。到公元前 221 年，秦始皇又派兵 50 萬向嶺南進軍，要統一東甌（浙江南部）、閩越（福建）和南越（廣東、廣西）。在廣西湖南交界處，五嶺山路崎嶇，運輸困難，戰事不利。由監御史祿（古代以官為姓，後稱史祿）負責開鑿運河以溝通湘江和灕江，大約於公元前 214 年（秦始皇三十三年）完工，這就是靈渠。航道既通，秦始皇增軍南進，終於取得勝利，統一嶺南後開設了桂林、南海、象郡三郡。

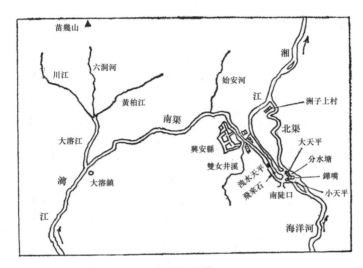

靈渠示意圖

　　靈渠在廣西興安縣附近。興安縣北是越城嶺，最高峰苗兒山（俗稱老山界，海拔 2142 米），地勢由北向南傾斜，有六洞河發源於苗兒山南麓向南流，與黃柏江、川江匯合為大溶江（也稱桂江），再向南即為灕江經桂林、梧州而注入西江（珠江水系）。興安縣南是海洋山，在靈川、灌陽二縣交界處，地勢向北傾斜。有海洋河（古稱海陽江）發源於海洋山北麓，向北流到興安縣城附近稱湘江，東北向流入湖南經洞庭湖而匯入長江。湘、灕異源，南北相距不下 40 千米。但是灕江上游的始安河，和湘江的小支流雙女井溪匯入湘江

處，在興安縣附近相去不足 1.5 千米，而且水位相差不大，湘江平均海拔 204 米，始安河海拔 210 米。兩河之間只隔着一些小丘陵：太史廟山、始安嶺和排樓廟，南北走向，寬僅 300 米至 500 米，相對高度 20 米至 30 米。史祿帶領勞動人民進行開渠工程，便發現了這些極為有利的自然條件，經過周密考察研究後，選定了在興安縣城東南 2 千米的渼潭（現稱分水塘）築壩分水。公元前 214 年建成靈渠。

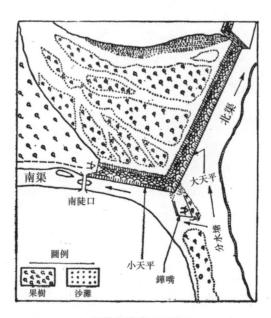

天平與鏵嘴示意圖

　　靈渠工程包括南渠、北渠、鏵嘴、大小天平、石壩、斗門、泄水天平。在海洋河中疊石築壩，壩呈人字形，前端有鏵嘴，前銳後鈍形如鏵犁。鏵嘴高約 6 米，長約 74 米，寬約 20 餘米，用巨石疊成。鏵嘴位置偏向海洋河南岸，銳端所指方向正對着海洋河主流線。鏵嘴尾端接着石壩，石壩是人字形，使堤壩與水流方向斜交，這就提高了泄洪作用，而減弱了洪水對堤壩的壓力，完全合乎力學原理。人字壩斜向北渠的稱大天平，長 380 米，斜向南渠的稱小天平，長 120 米。石壩兩邊各開渠道，左為南渠，右為北渠。上游下來的水遇鏵嘴分為兩股，順入兩渠。南渠從分水塘的南斗門北邊經興安縣至溶江鎮靈河口流入灕江，全長 30 千米，河道直而窄，水淺流急。在南渠上有兩段更艱巨的工程，一段是劈開高 20 米左右、長 370 米的太史廟山；二段是南渠自南陡口至興安縣城水街的一段東岸渠堤，長約 2 千米。堤頂約 3 米，底寬約 7 米，高出水面約 1.5 米，因始建於秦代而被稱為秦堤。在「飛來石」附近，依山傍水築堤，工作非常艱難，但是我們的祖先不僅解決了工程問題，還把這裡安排得綠樹成蔭，水光山色，風景如畫。現在還留有一些石刻。自分水塘北流的是北渠，蜿蜒於湘江沖積平原，到洲子上村附近再入湘江，距離本是 2 千米。我們祖先為了解決渠陡流急的問題，將北

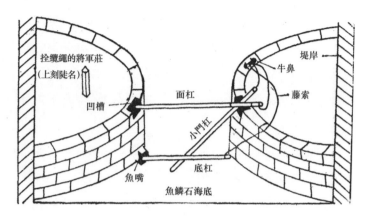

陡門示意圖

渠挖得迂迴彎曲有兩個「S」形，全長 4 千米，從而延長流程，降低水位落差，使水流緩慢，便於通航。北渠河道彎曲而寬。鏵嘴和天平是靈渠工程的關鍵部分。鏵嘴將海洋河水激水分流劈為兩支，一支順南渠入灕江，一支經北渠歸湘江，相傳「三分入灕，七分入湘」。

　　為了更好地調節排洪，我們的祖先們又在南北兩渠修了泄水天平；為了控制落差便於航行，又在渠道水淺流急的地方設置「陡門」，上下有 36 道。陡門上有石穴，用木樁橫穿，支上用三根木棍紮成的「陡腳」，遮上用竹片、竹篾編成的簾子叫「陡笪（dá）」，就可以攔斷水流。船隻入陡時，關閉

陡門，節節而上；放開陡門，節節而下；載重萬斤的船可以
往來航行。「陡門」，是我們祖先為使船隻能在水淺流急的
運河上航行的偉大創造，其作用可與古比雪夫水電站（又名
伏爾加列寧水電站）的船閘媲美，但陡門的結構簡單，取材
經濟。

　　靈渠溝通了長江水系和珠江水系，成為嶺南和中原水
路交通運輸的大動脈，以後歷代都多加修浚。在公元 40 年
（東漢初年）名將馬援曾在西南規劃修理；公元 1396 年至
1399 年（明初洪武年間）曾浚修加寬。晚至明、清兩代，靈
渠仍是南北水路要道。《徐霞客遊記》中曾說靈渠河道上「巨
舫鱗次」，船隻往來不絕，可見水運之盛，它在南北交通線
上，有着巨大的貢獻。

　　在 2000 多年前，那樣困乏落後的年代裡，我們的祖先沒
有現代化的工具，沒有現代化的材料，全憑手和腦，縝密考

靈渠特種郵票

察，精心構思，靈巧設計，群策群力修成靈渠，真是天才的科學創造，我們怎能不滿懷崇敬而感到無比光榮呢？

有幸幾次到靈渠參觀，深受教益。在靈渠鏵嘴尾部，有一座碑亭，飛檐方柱，亭內豎一石碑，寬約 1 米，高約 2 米許，刻着「湘灕分流」四個大字，筆力渾厚。亭基在地面上而高於碑基，碑下挖一大坑，碑基即坐入凹坑，只有「湘灕分」三字在地面上。據聞是近時地方上為保護石碑並添建風景點，委託一位建築工程師設計碑亭，誰知工程師同志閉門造車畫出圖紙，待施工後才發現亭子太矮了，便做了如此的處理，又不知道為甚麼不可以把亭子加高呢？這樣一座現代不倫不類的亭子，竟兀立在靈渠的天平壩畔，真使人覺得不勝汗顏，愧對祖先！

現在我們要談到舉世聞名的大運河。

我們祖國大地的形勢是西高東低，主要大山都是東西走向；在我國東部有許多河流，也大都是由西向東奔流，各不聯繫。為了發展南北交通，我們的祖先以高度的聰敏才智和無比辛勤的勞動，開鑿了大運河。它是我國歷史上溝通南北，在經濟上有重大價值的河流；它全長 1700 餘千米，也是世界上修建最早最長的一條人工河。

大運河從北京經天津、臨清、濟寧、淮陰、江都、蘇州，

一直到杭州，地形複雜，全程高度差別幾達 40 米。北京海拔 35 米，天津幾近海面，向南又漸高，到黃河交口接近濟寧一帶，是全河最高點，海拔 39 米，此後愈向南愈低落，到長江以南又低近海平面。為了保持各段水位，便利河運，共設水閘 21 道。從對運河南北高度的發現和合理解決來看，我們的祖先對於水平測量的原理和運用，必然是有很好的成就的。大運河的開鑿修建，可以說是代表着我國水利工程的發展歷史。

最早開鑿的運河是在公元前五世紀時，吳王夫差打敗越王勾踐後，雄心勃勃想爭霸中原，把都城由蘇州遷到邗（hán）城（今揚州），為了加強運輸，溝通江淮，修了「邗江」（也稱「邗溝」），故道自今揚州市南引江水北過高郵縣西，折東北入射陽湖，又西北至淮安，由末口入淮。它溝通了長江和淮河間的水道，就是淮南運河，大致是現在裡運河的一段，為後來大運河奠定了初步基礎。公元 369 年（東晉太和四年），桓溫由建康（今南京）北上攻燕，天旱河涸，就讓軍民開河運糧，利用巨野湖（山東巨野境內大湖，元末乾涸）的豐富水源開闢河道，由魚台通到濟寧，使淮河經泗水連通這條運河，從河南滑縣地界流入黃河；全長 150 千米，稱「桓公溝」，以後發展成山東南運河。

　　隋朝建都大興（今西安），為控制東北和東南的糧食賦
税，公元 584 年（隋文帝開皇四年）開通廣通渠，自西安市
西北引渭水東到潼關達於黃河，再通到洛陽。公元 587 年（隋
文帝開皇七年）開修山陽瀆（山陽即淮安），實際上是將邗溝
舊道全面修浚，進一步發揮其運輸作用。公元 605 年（隋煬
帝大業元年）開通濟渠，自洛陽西引穀水、洛水，東循陽渠
故道由洛水入黃河，再由滎陽（板渚）北引黃河水東行汴河
故道，到開封折而東南流經今杞縣、睢（suī）縣到商丘，東
南行蘄（qí）水故道又經夏邑、永城、安徽宿縣、靈璧、泗
水、江蘇泗洪、盱眙（xū yí）入淮水，與淮南運河相接，全
長 1000 多千米，是溝通黃河長江航道最早的水利工程，在隋
的運河中，是最重要的一條。公元 610 年（隋煬帝大業六年）
又開鑿了江南河，從江蘇鎮江經常州、無錫、蘇州等地到浙
江杭州，長約 330 千米。江南河是大運河的最南一段，和通
濟渠相接，構成東南運輸的大動脈，在當時和以後唐、宋兩
代，對中原和江淮地區之間經濟文化的交流與發展，都起了
促進作用（唐代改通濟渠名廣濟渠），公元 608 年（隋煬帝大
業四年），隋煬帝又徵集勞力百餘萬人，開永濟渠：在河南北
部武陟沁水東岸到汲縣，用清水下接淇水、屯水河、清河到
天津，再用沽水上接桑乾河到涿郡，即今武清以下的白河和

衛河永濟渠浚縣段

武清以上的永定河故道；山東臨清往北的一段即河北的南運河。永濟渠的主要工程是開修現在的衛河，使洛陽涿縣間水道相接，航程共長 1000 多千米，成為隋朝控制東北錢糧的動脈。

隋朝所開通濟渠、永濟渠和江南三條運河，總長有2400 餘千米，已初步形成了大運河的規模，前後僅用了六年的時間。在古代歷史上是任何一個國家都不曾有過的業績。這是我國古代千百萬人民付出了巨大的犧牲，艱苦的勞動，所創造出來的奇跡。

　　唐朝建都長安，繼續使用隋的運河，沒有修鑿新的工程。公元 738 年 (唐開元二十六年) 因運河在鎮江穿越長江，要繞瓜州幾十里沙灘，航程彎曲，由齊浣 (huàn) 建議在鎮江京口埭 (dài) 開鑿伊婁河，改善了航道。公元 1058 年 (北宋嘉祐三年) 李禹卿整理了江南的河道，在太湖區域築堤 40 千米，修了練湖，增設了陡門水閘，為今日江南運河確定了現代化的基礎。公元 1118 年，陳損之等大舉興修淮南運河，設立陡門水閘 70 餘座。淮南運河於是漸入成熟階段，南宋以後成為經濟上的運輸幹線。這時，南北運河都已分別形成。但

江南運河南潯段

是，濟寧以北到黃河一帶，地勢高出海平面很多，在 1000 多
年中，都沒能直接溝通，這個艱巨的工程是到元朝才完成的。

　　元朝建都「大都」（今北京），江南漕運若依隋朝運河航
線運轉，要由通濟渠繞道轉由永濟渠北上，中間還需經過一
段陸路，很費周折，費時費錢。為了改變這種不利條件，公
元 1283 年（元至元二十年）忽必烈命李奧魯赤等徵調民工，
從濟寧開鑿濟州河（由濟寧到黃河口），天才地利用汶、泗
兩河的水流，強迫灌注濟州河，然後分別流入南北運河，增
加運河的水量。以後根據這個原則，經公元 1411 年（明永樂
八年）宋禮以及公元 1779 年（清乾隆四十三年）多次整修以
後，便達到了現在的狀況。大運河的最後兩段，也是在元朝
完成的。公元 1289 年（元至元二十六年）馬之貞與邊源設計
開鑿會通河，從東平附近的安山起，經過壽張、聊城抵達臨
清，利用汶水作水源，由臨清入衛河，全長 120 多千米，施
工 6 個月就初步完成了，縮短航程，連接南北，南來漕船可
不再繞道，直達通縣（現北京市通州區——編者注）。但是
120 多千米的河道，河床升降坡度高達 14 米，因此以後不斷
進行整修改建，達 30 餘年。公元 1292 年（元至元二十九年）
由郭守敬建議開鑿通惠河，引昌平的神山、玉泉等水，穿過
北京城，通到通縣高麗莊流入白河，長 82 千米，並設有壩閘

通惠河通州段

20 座。通惠河是大運河最北的一段，由通縣可以直達北京。

元代濟州、會通、通惠三條運河的開鑿，是大運河歷史上的重要發展階段，確定了大運河完整的航運系統，基本上完成了全部運河的偉大工程。運河在我們祖國的歷史上，佔着非常重要的地位，它促進了政治的統一，南北經濟、文化的交流。在開鑿、改建、整修中，我們的祖先們又創造出無數卓越的成就。因此，大運河的形成，代表着 2000 年來我們歷史上無數有名的、無名的工程師和億萬勞動人民血汗的結晶。

都江堰遠景圖

　　我國既有發達的農業，所以關於灌溉工程的成就，當然也是數不勝數的。我們現在提出一個較著名的工程 —— 都江堰，以說明我國歷史上灌溉水利工程的成就。

　　都江堰已有 2300 年的歷史，是李冰父子設計修築的。公元前 316 年，秦惠王滅蜀後，命李冰做蜀郡太守，當時蜀郡就設在成都。「四川盆地」的成都平原，周圍有三四千米的高山環繞，中間低窪，總面積約 17 萬平方千米。盆地西邊有海拔七八千米以上的高山，每年山水和融化的積雪匯流衝入成都平原，而當時岷江宣泄不易，經常氾濫成災；水退以後，

又可能造成局部的旱災。在這種水旱天災的環境中，怎樣克服水患，保證生命安全和農業生產，就成了古代四川人民的迫切要求。尤其是克服岷江每年的水災氾濫，是首要的工作。

李冰和他的兒子二郎領導勞動人民，仔細勘察，依據地勢和水情，選擇岷江從山溪急轉進入平原河槽的灌縣一帶，做施工作堰的地址，這裡施工比較容易。他們就地取材，採用竹籠裝滿卵石，編砌分水堤埂，迎合水流，叫作「魚嘴」。「魚嘴」把岷江分為兩股，一股是外江，也就是岷江正流；一股是內江，又名都江。為了使內江水流通暢，灌溉內地的水田，他們又開鑿了一個山嘴，叫作「離堆」，在「魚嘴」和「離堆」之間，及其附近，還築有導流、平流等工程，使水流能順利地分流入內江，並且保持內、外兩江水量的適當分配。「魚嘴」的前端尖銳，形狀如「金」字，因此又稱金堤。它的作用，在於分配內外兩江春季的水量。到夏令漲水後，魚嘴便失去分水的作用。這時，就以離堆作為第二道分水魚嘴。每年霜降時節，外江斷流淘修，到立春時節，外江才開堰。然後再把內江斷流淘修，到清明時節，內江也開堰。此後兩江並用，所以春耕用水，足夠普遍供應全區。又，在江水斷流的時候，都用截水「榪槎（mà chá）」，這是用三支粗木槓紮成的三腳架，排列在一起，另外用竹簍裝滿卵石，叫作壓盤

石，壓住榪槎腳；在它的外面，用竹籤、竹籬和黏土等，填成一道臨時的擋水壩。當外江斷流的時候，岷江的水全入內江；相反，當內江斷流，岷江水又全入外江。榪槎除了截水之外，也可用來調節水量。這種土產的臨時斷流設備，不只方便了歲修施工，更是科學地適應物質條件的偉大創造。

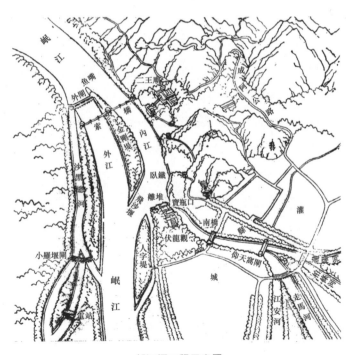

都江堰工程示意圖

　　由於都江堰工程灌溉了成都附近 14 個縣 500 萬畝的水田，使成都平原變成了 2000 多年來的「天府之國」。至於都江堰以下的灌溉系統，也是世界上有名的灌溉系統之一，都是依據天然地形，佈置了無數的縱橫交錯的溝渠，灌溉排水，兼籌並顧，而且多數支流都能通航。不論歲修或浚淘，都可以就地取材，簡易處理。我們可以設想當時既無精密的測量儀器，又無近代的施工機械，而能建成這樣完善的巨大工程，怎能不對我們的祖先無限地敬仰和愛戴。

　　這個工程在萬難中施工，完成以後，又科學地總結了調節水流的原則：「深淘灘，低作堰」。這個科學的結論，在後人的實踐中，充分證明了它的正確性。

都江堰治水「六字訣」碑

都江堰治水「三字經」

　　都江堰是我國歷史上水利工程的光輝創造，它的規劃的完美，施工的合理經濟，功效的宏大，使用壽命的長遠，歲費的儉省，在世界古代史上，是獨一無二的奇跡。都江堰灌溉着成都平原數萬頃良田，所以成都「天府之國」的美譽，不是大自然的賜予厚愛，而是由於人們的勞動和創造，對大自然的合理改造。四川人民為了感戴修築都江堰的「工程師」，在都江堰立祠紀念李冰父子，這便是有名的「二王廟」。原來的廟宇在文化大革命中毀壞不堪，現已重加修葺（qì），並新製李冰和二郎的塑像，供人瞻仰。

　　我國最早的水利灌溉工程，今天知道的還有：周定王時期（公元前 606 至公元前 586 年），楚令尹孫叔敖所修的皖北壽縣故安豐城南的芍坡，也稱作安豐塘，可以灌田萬頃；其他如周末魏文侯時期（公元前 403 至公元前 387 年），鄴（yè）縣令西門豹開鑿的漳水十二渠；秦朝時在陝西開鑿的鄭國渠和寧夏的秦渠等，都是我國古代有名的水利工程。但是在規模上和效益上，都比不上都江堰。

　　我們的祖先遺留下來的水利工程，幾乎遍及全國。他們克服了祖國大地上不利的自然條件，使人民生活豐衣足食。我們應當珍愛這份偉大的遺產，並要創造出更宏偉光輝的事業。

里耶秦簡「九九乘法表」木牘

三 · 數學

　　我國古代的水利工程是結合農業的，農業的發展也離不開天文、氣象，這些科學又都離不開數學計算，所以數學的發展，也和農業有密切的關係。由於農業生產的需要，我們的祖先在很早的時代，便在數學上有了傑出的貢獻。在殷墟發現的甲骨文中，就有十進制的數字。在甘肅北部的居延和西部的敦煌，發現了漢簡「九九表」。在山東嘉祥縣的漢代武梁祠石室造像中，就有手拿矩的伏羲和手拿規的女媧的蛇身人面像。從圖上看，「矩」和現在的角尺或三角板差不多，「規」和現在的圓規差不多。在河南安陽發掘的殷代車軸上的飾品，畫有五邊形、九邊形等幾何圖形。這些都有力地說明，我們的祖先們在數學知識、儀器等多方面的天才創造。

　　在春秋、秦、漢之間，我們的祖先為了計算天文曆法的數據、田畝的大小、賦稅的多寡、糧食的運輸管理等與農業

生產有關的事物，創作了有名的《周髀 (bì) 算經》(約在公元前 100 年左右) 和《九章算術》(約在公元 40 至 50 年)。這兩本書裡，總結了那一時代優秀的數學家如商高 (約公元前1100 年左右)、張蒼 (公元前 256 至公元前 152 年)、耿壽昌、許商、杜忠 (公元前 20 至 30 年) 等的天才創造。他們已經運用了單分數、多元一次聯立方程式、等差級數等代數方法，和「徑一周三」的圓周率、「直角三角形的勾股方等於弦方」(編者註：直角三角形的勾股方之和等於弦方) 等幾何方法。

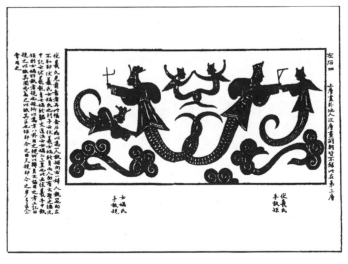

清《金石索》中記錄的山東嘉祥縣武梁祠石室中的伏羲女媧像

　　《周髀算經》裡記載着商高、陳子等怎樣利用周髀（立竿）測定日影，再用勾股法推算日高的方法。周髀高 8 尺。在鎬京（今西安附近）一帶，夏至日太陽影長 1 尺 6 寸[①]，再正南 1000 里[②]，影長 1 尺 5 寸，正北 1000 里，影長 1 尺 7 寸，用相似形比例求得立竿至太陽直下方地面一點的距離，推算了夏至日、冬至日、太陽離地面的斜高。又取中空竹管，徑 1 寸、長 8 尺，用來觀測太陽，發現太陽圓影恰好充滿竹管的視

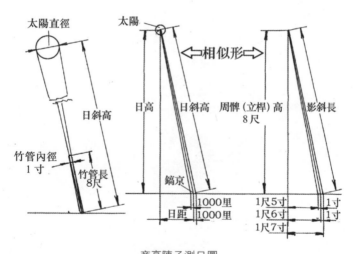

商高陳子測日圖

① 1 尺＝ 10 寸＝ 1/3 米。

② 1 里＝ 1/2 公里＝ 1/2 千米。

線，於是用太陽的斜高和勾股的原則，推測太陽的直徑。這些測定的數據，當然非常粗略，和實際相差很遠。但是，在3000年前那樣早的時代，我們的祖先們已有如此天才的創造和實踐的觀測精神，是值得我們欽仰而應學習的。

《九章算術》共分九章，包含二百四十六個問題。九章是方田、粟米、衰（cuī）分、少廣、商功、均輸、盈不足、方程和勾股。方田章裡主要是計算田畝面積的各種幾何問題，

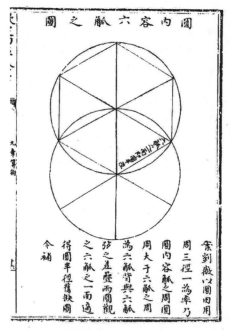

《九章算數》書影

像：方田、梯形田、斜方形田、圓田、半圓形田、弧田、環形田的面積計算。在計算圓田時，提出「圓徑一而周三」，半圓半徑相乘可以求得圓面積的結論。

粟米章是對糧食交易的計算方法，有二元一次式的整數解法。衰分章是按比例分配的計算方法，主要應用於歲收分配。少廣章是從田畝面積計算周長邊長等的算術，正確地提出了開平方和開立方的方法。商功章提出計算各種體積的幾何方法，主要解決築城、修堤、挖溝、開渠等實際工程上的問題。它總結了當時土木工程的施工經驗，例如科學地指出等重的土壤原體積、碎土體積和建築用堅土體積的比例，約為 4：5：3；又如冬天施工築堤，每工可以修 444 立方尺（指周尺），春天施工挖溝，每工可挖 766 立方尺，擔土的人工加 $\frac{1}{5}$，夏天每工可挖 871 立方尺，若是沙礫地帶人工加倍。這些都是土木施工核算的寶貴經驗。均輸章是管理糧食運輸，均勻負擔的計算方法，有些內容是一元一次式和等差級數的問題。盈不足章處理了各種二元一次聯立方程式的問題。方程章處理了各種三元一次和四元一次聯立方程式問題。勾股章處理了各種幾何問題，正確地提出了勾方股方之和等於弦方的重要定理。

《周髀算經》和《九章算術》都有着極豐富的內容和實事

求是的精神，具體表現出我國古代的優秀數學家們，是把他們的工作和智慧，密切地和人民生活、生產實踐相聯繫，忠誠地為人民服務的。

關於直角三角形的勾股弦定理，據《周髀算經》記載早在周代就有商高「勾三股四弦五」的特例。稍後就有陳子發現的普遍的勾股弦定理。這個定理在西洋數學史上叫作「畢氏定理」，認為是希臘人畢達哥拉斯首先發現的，其實他比我國古代數學家陳子晚了 600 年！我們的祖先不僅在勾股弦定理的應用上比西洋畢氏早，而且在這個問題的幾何證明上，也有獨特的成就。漢代數學家趙君卿，天才地用幾何證明了這個有名的定理。他的證明很簡單（《周髀算經》中的「弦圖」），就是勾股相乘的二倍——四個三角形的面積，加上勾股之差的自乘——中間小方塊的面積，等於弦的自乘——斜方形的面積。再用代數簡化一下，便可以得到勾方股方之和等於弦方的定理。在外國用同樣方法證明這個定理的，最早當是印度數學家巴斯卡剌・阿克雅（公元 1150 年），但是比我國古代數學家趙君卿卻晚了 1000 年！

我國古代的數學家們，在圓周率的算法上，也走在世界的前頭。在《周髀算經》上說到「圓徑一而周三」。這只是圓內接正六邊形的周長與直徑之比，作為圓周率顯然是不夠精

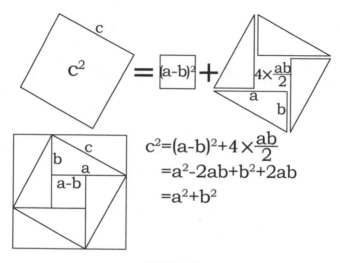

勾股弦定理

確的。以後就有許多數學家研究圓周率：漢代劉歆 (公元前後) 得圓周率 3.1547；張衡 (公元 78 至 139 年) 得「開方十」。張衡的圓周率，比外國的早得多，在印度著名數學家羅門加塔 (公元 600 年左右) 的著作中，和在阿拉伯算書 (公元 800 年左右) 中，曾見到同一數值。三國時代的劉徽 (公元 263 年曾注《九章算術》)，更發表了著名的「割圓術」(求圓周率法)，不但奠定了圓周率推算的科學基礎，同時也闡明了積分學上算長度和面積的基本概念。他說：「割之彌細，所失

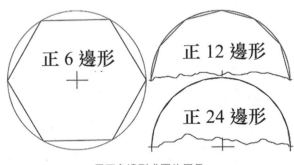

用正多邊形求圓的周長

彌少，割之又割，以至不可割，則與圓周全體而無所失矣。」
他用折線逐步地接近曲線，用多邊形逐步地來接近曲線所包
圍的圖形。他用圓內接六等邊形、十二等邊形、二十四等
邊形的邊長之和，來逐步推算圓周的長度，一直算到內接正
九十六邊形，得到圓周率 3.14。在那樣早的時代，劉徽就利
用了這樣進步的數學方法，真是我們民族的驕傲。

　　到南北朝時，祖沖之（公元 429 至 500 年）對前人所得
圓周率認為都不夠精密，而進行深入探討和研究，走上了漸
近值論的大道，著《綴術》一書。他證明圓周率在 3.1415926
與 3.1415927 之間，並且用 $\frac{22}{7}$ 和 $\frac{355}{113}$ 做疏率和密率來表示。
用近代漸近分數來說，這兩個分數正是最佳漸近分數的首
兩項，下一項便異常複雜了。祖沖之是世界上第一位把圓周

率數值定到七位小數的天才數學家，他的貢獻是具有世界意義的。西洋人對圓周率的精密計算，一直到日耳曼人瓦侖丁‧渥脫（公元 1573 年）才推算到這個程度，比祖沖之晚了1000 多年！難怪有一位日本數學家曾提議，應把圓周率稱為「祖率」，以資紀念。

祖沖之的兒子祖暅之也是一位優秀的數學家，他做出了卓越的貢獻：用幾何方法，求得了圓球體積和直徑的正確關係——「開立圓術」。他求得圓球體積等於圓周率乘圓球半徑立方的三分之四。這個公式雖和阿基米德（公元前 287 至公元前 212 年）所得的相同，可是步驟卻不同。他在求圓體積時，自己新創一個公理：界於兩平面之間的兩個立體，被任何一個平行於兩平面的平面所截，若兩截面的面積常相等，則兩立體體積也必相等。在西洋，一直到意大利數學家卡瓦列里（公元 1598 至 1647 年）才提出，比祖暅之晚了大約 1000 年了！現在一般對這公理稱作「卡瓦列里公理」。顯然是錯誤的，我們應該為它「正名」，稱作「祖暅之公理」！

我們的祖先，對於多元聯立方程式的解法，也有非常重要的貢獻。《九章算術》的方程章，就是專論聯立一次方程式的解法的。在那時所立算式，未知數不用符號表示，只用算籌自上而下排列各項系數（叫作籌算），把常數項列在最

下，完成一行。二元有二行，三元有三行，算籌並列，形似方陣，所以叫作「方程」。解方程的消項辦法，和現代常用的加減消元法相似。而對各項的正負數，也已經能夠妥善處理。到公元十三世紀前後，我們的祖先又發明了「天地術」，用「天」「地」二字表示不同的未知數，來解二元高次方程式。元代朱世傑所著《四元玉鑒》(公元 1303 年)，更推廣到四元聯立高次方程式的解法。外國解聯立一次方程式，最早的當是約五世紀的印度數學家，到西洋的數學家討論到聯立一次方程式時，已是公元十六世紀了。至於他們對多元聯立高次方程式的研究，卻是相當近代的事情。所以，我們祖先的方程式解法，確實在世界數學史上有着非常輝煌而領先的地位。

「開方作法本源」圖，即西洋「帕斯卡三角形」

　　我國數學家在方程論上的貢獻，也早在西洋各國之前。從《九章算術》的少廣章裡，提出了開平方、開立方的算法以後，祖沖之根據這些算法，能夠求得一般的二次方程式和三次方程式的正根。此後，王孝通的《緝古算經》（公元620年），也提出了三次方程式的正根解法。到北宋時（約公元1080年左右），劉益的《議古根源》和賈憲的《黃帝九章算經細草》，都指出開立方另有「增乘開方法」。這個方法和現在代數教科書裡的「霍納法」，步驟基本相同，是數學家用來求高次方程式正根的標準方法。到秦九韶的《數書九章》（公元1247年）和李冶的《測圓海鏡》（公元1248年）問世，「增乘開方法」更進入非常完善的階段。西洋數學家在同時代也都想用種種方法，求三次以上方程式的正根，但是大都繁複不切實用。直到意大利人魯菲尼在公元1804年、英國人霍納在公元1819年，才發現了和我們祖先的「增乘開方法」完全相同的算法。但是，他們比劉益、賈憲晚了約800年，比秦九韶、李冶也晚了約500年！

　　楊輝在《詳解九章算法》時（成書於公元1261年），提出一個「開方作法本源」圖。這圖的構造法則是：兩腰都是一，中間每數為其兩肩二數之和。這樣的三角形數字寶塔，是二項式定理中係數的基本算法。楊輝說這圖「出《釋鎖算書》，

賈憲用此術」。「釋鎖」是當時數學家稱解高次方程式的別
名。原書已經絕傳，但是我們知道最遲在賈憲的時期（約公
元十一世紀末葉），我國數學家便已掌握這種做法了。楊輝
所載圖只有六次式的系數，到朱世傑的《四元玉鑒》上「古法
七乘方圖」，已經增加到八次式的系數。這個數字寶塔，在
西方數學上叫作「帕斯卡三角形」（公元 1654 年）。根據西洋
數學史家的考證，卻說是日耳曼天文學家阿皮亞尼斯（公元
1527 年）最先發明的。但是，不管怎麼說，他們都比我們的
祖先晚了幾百年！這個數字寶塔也應稱為「賈憲三角形」，才
符合歷史的事實。

　　我國古代數學家的另一偉大貢獻是「大衍求一術」。
《孫子算經》（大約是漢魏之間的書）中有一個有名的古典題
目：「今有物不知數，三三數之剩二，五五數之剩三，七七
數之剩二，問物幾何？」答數是二十三。解法如後：先求
五、七相乘積的二倍得七十，以三除之餘一；再以三、七
相乘得二十一，以五除之餘一；再以三、五相乘得十五，以
七除之亦餘一。然後將未知數以三除所得的餘數（即二）乘
七十，五除所得的餘數（即三）乘二十一，七除所得的餘數
（即二）乘十五，三種積之和，如不大於一百零五就是答數，
否則需要減去一百零五或其倍數；一百零五是三、五、七的

最小公倍數。因為在解決這個問題時，必先計算甲乙兩數乘積或其倍數，以兩數除之，恰餘一，所以後來秦九韶叫它「大衍求一術」。這一類題目，在宋朝周密（十二世紀）的書裡叫作「鬼谷算」「隔牆算」。楊輝叫它「剪管術」，俗名秦王暗點兵。明朝程大位在《算法統宗》裡叫它韓信暗點兵，並把解算法概括為四句順口溜：

> 三人同行七十稀，
>
> 五樹梅花廿一枝，
>
> 七子團圓正半月，
>
> 除百零五便得知。

這種算法，在以後的天文學上，常常應用。秦九韶曾經推廣了這種應用，並且補充了算法。「大衍求一術」不但在數學史上有相當崇高的地位，就是在今天，和外國「數論」（即關於整數的理論）裡關於「一次同餘式」的方法來比較，我們的方法也是非常具體、簡單而優越的。在西洋，一直到歐拉（公元 1707 至 1783 年），才創立了和這種算法不謀而合的簡法。現在歐美數學家整數論者，無不推尊我們祖先的偉大貢獻，這個定理光榮地被稱作「中國剩餘定理」。

　　我國古代天才數學家的創造，當然不止這些。其餘如元朝郭守敬的「招差術」（即差數法），和《算學啟蒙》（公元1299 年）關於級數論等理論，都是非常卓越的科學貢獻。這些算學問題的提出和獲得解答，都密切聯繫着做堤、做壩、造橋、建築等重要的實際問題。這種理論與實際緊密結合的優良傳統，正是我們祖先在數學上，獲得光輝成就的主要基礎。

四・天文和曆法

　　當人類在穴居野外的原始時期，生活在大自然中，夜間要靠星辰辨別方向，靠月亮的圓缺計日，白天要靠太陽的影子確定時間等等，因此對於天文現象的認識，是十分關切而持久的。當人類進入到農業社會時，農業生活又促成了曆法的發明和天文觀測的開展。所以，世界文明古國如中國、古巴比倫、古印度、古希臘等，都有比較發達的天文學。但是，要算我們中國在天文學上的貢獻最實用，天文觀測的工作也最可靠而詳密。

　　我國古代天文學最偉大的貢獻，當是曆法的不斷改進。大概當我國進入農業社會以後，為了保證農業的及時耕作，對曆法就非常注意。上古的曆法現在已失傳，但是從殷代的甲骨文上，可以看到 3000 年前，已經有 13 個月的名稱。《尚書・堯典》說：「朞三百有六旬有六日以閏月定四時成歲。」

所以那時一方面用 366 日的陽曆年，一方面用閏月來配合月的週期，這又是陰曆。這種陰陽曆並用的情形，和古代巴比倫或希臘、羅馬時代非常相似。不過，我們的祖先在戰國時代，已能利用冬至、夏至的日影觀測，很有把握地測定陽曆年的長短。這在西洋，約當我國西漢末年時期，他們的曆法還是非常混亂的。一直到羅馬大帝凱撒確定了《儒略曆》（公元前 46 年）以後，曆法才上了軌道。陰陽曆調和的困難，是由於月亮繞地球和地球繞太陽兩個週期的不易配合。月亮的週期是 29.530588 天，地球的週期是 365.242216 天，兩個週期互相不能除盡。但是，我國古代農曆，卻把陰陽二曆調和得非常成功。陰曆月大 30 天，月小 29 天。陰曆一年有 12 個月 354 天，比陽曆年少 11 天多；因此，如果在 19 個陰曆年裡，加上 7 個閏月，和 19 個陽曆年幾乎相等。我們的祖先在春秋中葉，便已知道用 19 年閏 7 月的方法來調整陰陽曆。這比希臘人梅冬發明這個週期，早了 160 多年。春秋以後，秦用《顓頊（zhuān xū）曆》（公元前 246 至公元前 207 年），漢武帝時用《太初曆》（公元前 104 年），統以 365$\frac{1}{4}$ 天為一年，和羅馬凱撒的《儒略曆》相同，可是比《儒略曆》要早 200 年。

　　從漢以後一直到宋、元之間，經張衡測定了黃赤大距（即黃道赤道的交角），虞喜測定了歲差。在眾多天文曆法學家的

努力，我國曆法已日臻精密。到宋朝，我國偉大的天才科學家
沈括，提出了徹底改革陽曆的意見，他把一年分作 12 個月，
用立春那天作孟春的開始，驚蟄那天作仲春的開始。這樣依
次類推，不管月亮的朔望，把閏月完全去掉，只管時令節氣。
這樣徹底的陽曆，很適合農業生產的需要。但在當時，沈括
卻受到士大夫們的瘋狂攻擊，他的主張不被採用。沈括相信，
不管人們怎麼笑罵，將來總會有人理解他的意見的。果然，在
1930 年左右，英國氣象局局長蕭納伯有同樣的計劃，不過他
把元旦放在立冬節，稱作「農曆」。現在英國氣象局統計農業
氣候和生產，就用蕭納伯的「農曆」。沈括一定料想不到，他
所倡議的曆法，會在 700 年後的英國氣象局裡實行起來的。

沈括像

　　到元朝，中國版圖橫跨歐亞兩個大陸（編者注：元朝皇帝為名義上的「蒙古大汗」繼任者，但蒙古西征而來的土地不在元朝統治範圍內），我國文化的各個方面都有新的成分加入。公元 1267 年（元至元四年），西域人扎馬魯丁進《萬年曆》；公元 1276 年，又請郭守敬等改制新曆，公元 1280 年頒布，叫《授時曆》。郭守敬的曆法可以說是集古今中外之大成，他的成就，實在不是輕易得到的。郭守敬的《授時曆》每年有 365.2425 天，和實際地球繞太陽一周的週期，只差 26 秒；和現行《格列高利曆》（即公曆）的一年週期相同，但《授時曆》比《格列高利曆》早了 300 多年。

　　明朝的曆法叫《大統曆》，基本上和《授時曆》一樣，一連用了 200 多年未改。直到萬曆年間，意大利人利瑪竇從廣東到北京，徐光啟跟他學天算，同時翻譯書籍，製造儀器，西洋曆法才引起國人注意。清朝的曆法，多半是德國人湯若望和比利時人南懷仁所主持推算的。

　　到十九世紀中葉，正當太平天國革命時代，當時在曆法上也有改革。太平天國的新曆叫《天曆》，是每年 366 日，單月 31 日，雙月 30 日，不置閏月，不計朔望，40 年一斡（wò），斡年每月 28 日，斡年是洪仁玕（gān）建議的。因此，《天曆》每年平均有 365.25 日，與回歸年大致相同，它每年的

日數整齊，便於記憶。

　　我國歷代曆法，史書記載共有 99 種。其中 6 種通行於上古時期，真本現已失傳（《顓頊曆》即上古六曆之一）。有 48 種曾在秦以後推行過；還有 45 種，有的未曾採用，有的採用不久就改行別曆，也都失傳了。

　　「節氣」是中國曆法的特點。一年有 24 個節氣，作為農事和生活的標誌。北魏（約公元 500 年）以後，在歷史裡開始有了節氣的名稱和說明，從此節氣的觀念就逐漸深入民間，有了節氣、月令，像「清明下種，穀雨插秧」等諺語，對於農業生產的指導，起相當重要的作用。

　　在秦朝呂不韋的《呂氏春秋》中，有「十二紀」的說法，漢淮南王劉安的《淮南子》（公元前 150 年前後）中，有「時則訓」篇；《大戴禮記》中叫「夏小正」；《禮記》中有「月令」。在這些秦漢間的古書裡，都詳載了每年 12 個月的氣候和農作物情況。這是節氣記載的開端，但是還沒有明確的名稱和時序的規定。當然，春分、夏至、秋分、冬至的名稱，在春秋時期便已知道了。《易緯通卦驗》（大約是東漢末年的著作）裡，有二十四節氣的名稱，從冬至（歲首）到大雪，和現行的節氣名稱順序，一切相同。對每一節氣都有氣候物產等候應的說明。譬如《易緯通卦驗》說春分的候應是「明庶風至」「雷雨行」

「桃始華」「日月同道」等，都是當年黃河流域的氣候情況。

　　天文觀測是曆法的基礎。我國古代定一年四季的方法，最初是主要看黃昏星宿的出沒。《尚書·堯典》把鳥、火、虛、昴四宿作仲春、仲夏、仲秋、仲冬黃昏時的中星。殷墟甲骨文裡已有「火」和「鳥」的星名。《史記》裡說古代有官名「火正」、專門觀測「火」宿的昏見。可見在古代，春季黃昏「火」宿的初見，是一年四季裡農業上的大事。「大火」就是心宿第二星。到了春秋魯文公、宣公時（公元前七世紀），已採用土圭測日影，來決定冬至和夏至的日期；於是一年四季便定得更準確了。希臘亞納雪曼達用土圭測定冬至和夏至，是公元前六世紀的事，比我國稍晚幾十年！

　　我國古代天文家對於星象的觀測和認識，有着驚人的成就。一般天文史學家的意見，認為我國大概在西周初年（即3000年前），已有二十八宿的分法。在《詩經》裡有火、箕、斗、定、昴、畢、參、牛、女諸宿的名稱。「牛」即「牽牛」，「女」即「織女」。二十八宿的全部名稱，最早見於秦漢之間的《呂氏春秋》《禮記·月令》《史記·天官書》《淮南子》等書。我們祖先把靠近北極的星空分為紫微、太微、天市三垣，一周天分為 $365\frac{1}{4}$ 度，太陽每天在黃道上移動一度。在黃道和赤道附近的星空，按東南西北四方，分成蒼龍、朱雀、白虎、

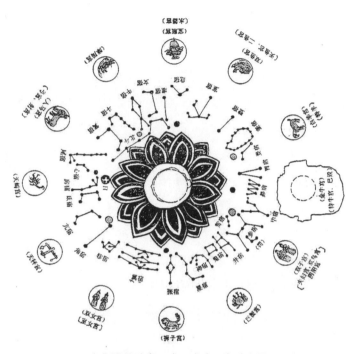

宣化遼墓壁畫二十八宿十二宮注名圖

靈龜四象，每象分作七宿，共有「角亢氐房心尾箕，斗牛女虛危室壁，奎婁胃昴畢觜（zī）參（shēn），井鬼柳星張翼軫」二十八宿。

　　到戰國時代（公元前四世紀），齊人甘德，根據觀測結果，著《天文星占》八卷。魏人石申著《天文》八卷。後來

有人將這兩部古典著作合併為《甘石星經》一書。書中記載
120 個恆星黃道度數和距北極的度數。從這些數據，可以無
疑地斷定這些恆星位置的測得，是相當於戰國中期，即公元
前 350 至公元前 360 年的事。這比西方最古的恆星表（希臘
亞里士多德和地莫且利二人合著）早了七八十年。比西洋最
著名的「多勒米恆星表」，更早了兩個世紀！多勒米恆星表記
載 1020 個恆星的位置，是多勒米在公元後二世紀，根據公元
前二世紀希普克斯觀測的結果制定的。這些恆星表的精確程
度，大致不相上下。到了東漢時期（公元 100 年左右），張衡
已經曉得有常明的星 124 個，定了名字的星 320 個，其他的
小星 2500 個，微星 11520 個。張衡創造了渾天學說，說明天
象的運行原則。根據他所測繪的星圖 ——「靈憲圖」（是我國
最早的星圖），做了「渾天儀」；立黃赤二道，相交成 24 度，
分球體天空為 365 度，立南北兩極，佈置了二十八宿和日月
五星，用漏水使渾天儀自己運轉，星象出沒和實天空完全一
樣。這便是現代「假天儀」的原始鼻祖。遠在機械工業發展
前約 2000 年的祖國，竟能發明製作出這樣精巧的儀器，真是
驚人而值得我們崇拜了。漢代學者蔡邕參觀了這個儀器，曾
經有願意終生偃臥在渾天儀裡的感歎，足見張衡的偉大和渾
天儀的精巧絕倫了。

　　因為人們所熟悉的星宿數量漸漸增多，所以對星座的劃分也日漸精密。《史記·天官書》分恆星為中、東、南、西、北五官，共 98 個星座，包括 360 個星。《漢書·天文志》分星空為 118 座，包括 783 個星。這樣區分是非常精細的。我們的祖先早已知道恆星的視動，每天繞北極旋轉一周。《論語》說：「譬如北辰，居其所而眾星拱之。」祖沖之、暅之父子二人（公元 500 年左右），知道北極星雖然是靠近北極的星，但是測得極星距離尚有一度有餘。到公元 1247 年（南宋淳佑七年），黃裳根據當時的天文知識所做的「天文圖」碑，共刻恆星 1434 顆現在還保留在蘇州文廟，是當代世界留存最古的星圖。這些，都證明了我們祖先的科學工作，有着光輝成就和實事求是的觀測精神。

　　我國有二十八宿的說法，印度、波斯、阿拉伯也有二十八宿的說法，而且有許多類似的地方。由此推測，可能這些國家和我們的祖先，在很古的年代便有了來往。到底二十八宿之說，是誰傳給誰的，現在還很難得出結論。

　　除了曆法和星象的觀測之外，我國古代的天象記錄，不但在時間上比世界各國都早，並且在數量上也最詳盡。我國歷史上的天文記載，可以構成世界上一部最詳盡、可靠、年代最長的天文史。

　　在這些天象的觀測裡，要算日食最受人注意。在青天白日裡，太陽忽然不見，出現了滿天星斗，陰暗如黃昏，待太陽再度出現時，百鳥齊鳴，又如晨曦，這在古代先民社會裡，確是一件驚心動魄的事情。我們優秀的祖先，對自然現象的觀測和研究，歷來是不懈努力的，日食的奇異現象，自然便成為一切天象觀測的重點了。所以 3000 年來，留給我們一部世界上最詳盡可靠的日食史。殷墟甲骨文上就有日食的記載。《尚書·夏書·胤徵》記載當時天文官羲和，因為沒有預告日食，使人民驚惶失措，被國君仲康殺死，可見觀測、預報日食的重要。這次日食，大概發生在公元前 2137 年 10 月 22 日，假如《尚書》的記載是可靠的，那麼，這便是全世界最古的日食記錄。《詩經·小雅·十月之交》篇，記載着「十月之交，朔月辛卯，日有食之。」這次日食是在公元前 776 年（周幽王六年十月），這又是世界上最古的可靠記錄，比西方最早的可靠記錄，也就是希臘人泰耳所記的日食，要早 191 年。《春秋》一書，在 242 年裡，記載了 37 次日食，其中有 33 次，已經證實是可靠的；其餘 4 次，有兩次是在中國不可能見到的，有兩次的月份不符，並無日食。發生這樣錯誤的原因，也許是後人在整理竹簡時，誤排次序，倒置了歲月。在《春秋》最早的日食記載，是公元前 720 年 2 月 22 日（魯

隱公三年二月朔），這一次記載的日食，離現在也有 2700 多年了。日食在歷代史書中，都有可考的記載，總計從公元前 720 年到公元 1872 年（春秋到清同治十一年），共有記載日食 985 次，其中年月不符，無日食可考的只有 8 次，不及總數的 1%，可謂縝密之極了。

在日食記載中，最多的是日全食和環食，佔總記錄的 60% 以上，偏食次之，全環食最少。據奧泊爾子《日食圖表》所推 3368 年中，全球有 8000 次日食，平均算來，每百年約有日食 237.5 次。其間偏食佔 83.3 次；環食次之，佔 77.3 次；全食又次之，佔 65.9 次；全環食最少，佔 10.5 次。

我們祖先的記載，偏食反比全食少，足見史書所失載的偏食最多。因為偏食所見的地區有限，並且食分較淺，不易使人們留意。我們祖先在記錄日食時，「以日食三分以下為不救」。不救就是不食的意思，所以偏食失載的也最多。在《唐書‧天文志》裡有這樣一句話：「開成五年十月癸卯，日旁有黑氣來觸」，但並沒有說日食。查這天在世界上確有日食，從澳洲東南，或我國中原地區看起來，不及一分，好像有一團黑氣接觸了太陽一下，《唐書‧天文志》的描繪是確實的。我們祖先累積下來的日食記載，是天文史上最可靠、最豐富的觀測記錄，不管研究曆法也好，研究日月運行的計算

也好，都是非常珍貴的參考材料。

　　彗星俗名掃帚星，是尋常肉眼不易看見的一種星，在古書裡最早叫作「孛（bèi）」，在《春秋》和《尚書》裡都有記載，到戰國以後才叫作「彗」。從漢朝起，天文觀測者常常把不常見而忽然出現的星叫作「客星」，在客星的記載裡有一部分說的就是彗星。關於彗星，在《春秋》和《尚書》等古籍裡見過 3 次；戰國和秦見過 9 次；兩漢彗星見 29 次，客星見 21 次；魏晉六朝彗星見 69 次，客星見 13 次；隋唐以來記載更多。近代的望遠鏡有了改進，每年可以出現好幾次彗星，但是一般的都是微小暗淡，尋常目力看不見的。在明朝以前，我國還沒有望遠鏡，所以史書所載的彗、孛、客星，必然是比較大些的。彗星有一顆很明亮的，西洋叫「哈雷」彗星，是十七世紀英國天文學家哈雷所發現的，因以命名。當時哈雷在公元 1682 年看到這顆彗星後，曾經查出西洋有關的記錄上，在公元 1607 年開普勒和 1531 年阿比安所測定的彗星軌道，和這顆彗星相似，再上推到 1456 年、1301 年、1145 年、1066 年都有同樣的彗星出現。那時牛頓的萬有引力原理已為人們所公認，哈雷斷定這顆彗星和行星一樣，也是繞太陽而行，它的週期是 76 年餘；因此那些記載上的彗星原是一顆星。哈雷是週期彗星的最初發現者，

所以把這顆彗星定名「哈雷」彗星。但是，在我國歷史上關於哈雷彗星的記載，可以上溯到秦始皇時代，從公元前 240 年（秦始皇七年）一直到公元 1682 年（清康熙二十一年），哈雷彗星共出現 25 次，全有可靠記載。這證明了我國歷史對天象記錄的精確性。同時，這些記載也是非常翔實的。《史記‧秦本紀》：「始皇七年（公元前 240 年），彗星先出東方，見北方，五月見西方……彗星復見西方十六日。」這段記載的年、月、日數、位置，和近代科學家推算的完全相符。現在已被世界公認為這次彗星的出現，可能是歷史上最早記載的一次。但是在我國古代歷史上，還有許多有關的記載，如《春秋》載公元前 613 年（魯文公十四年秋七月）：「有星孛入於北斗」，這應是世界天文史上明確記載哈雷彗星的最古記錄。我國甚至還有有關早於公元前七世紀哈雷彗星的記錄，現在經天文學家們的研究論證，認為《淮南子‧兵略》：「武王伐紂，東南而迎歲……彗星出，而授殷人其柄」，所載就是公元前 1057 年前彗星出現的記錄。近代西洋天文學家們盛讚：「中國史書記載之精審，遠非西史所能望其項背。」「公元 1400 年以前哈雷彗星之證認，主要是根據中國的觀測。」充分說明，我國歷史對彗星的記錄，是世界天文史的十分珍貴的資料。

　　我國歷史上記載的客星，固然大部分是彗星，但是也有一部分是真正在自然間忽然出現的新星。如《漢書・天文志》：「武帝元光元年（公元前 134 年）六月，客星見於房。」這是世界上最古的新星記錄。雖然希臘天文學家依巴谷也同時說到這顆星，但是他沒有記錄方位，所以現代天文學家都承認這顆星是我國古代天文學家最早發現的。古代的新星，大都見於我國史書的記載，《漢書・天文志》所列客星中，還有兩顆也是古代有名的新星。

　　對日中黑斑的觀測，也是我國天文學觀測史上的輝煌貢獻。日斑是太陽上的一種風暴，因為風暴的溫度比太陽其他部分的溫度低一些，所以日斑處的光芒也比較幽暗些。我國史書上第一次記載的日斑，是公元前 28 年（漢成帝河平元年），《漢書・五行志》說，在這一年三月乙未，「日有黑氣，大如錢，居日中央。」這種關於日斑的記載一直繼續到明、清。從第一次記載到西洋發現日斑為止，我國歷史上已記載了 101 次的觀測記錄。西洋在公元 1607 年 5 月以前，不知道太陽上有黑斑，刻白爾在那年見到了日斑，還當作是水星走進了太陽的位置。不久以後，伽利略用天文鏡才把它看清。這證明我國古代的天文學，至少在明代以前，有許多方面是遠遠勝過西洋的。

　　日斑的生長往往成群，最普通的兩斑並生，而且很接近，一斑常呈圓形，黑黝黝的，另一斑不一定呈圓形，但要大些，也是很暗淡；兩斑之間有無數小斑，出現的時間很短。我國歷史上的記載常把日斑的形狀，說是：杯、桃、李、栗、錢等相似的圓形，可能是由於目力只能看到那一個圓的黑的，另一個更暗淡的就看不見了；也有說像雞卵、鴨卵、鵝卵、瓜、棗等橢圓形的，可能是由於兩斑靠得太近了，模糊地看成了橢圓的。日斑有時相屬而生，一串像雁行，歷史記載上也有把它說成飛鵲、飛燕、人、鳥等不規則形的。我們古代的祖先們觀測天象，全憑目力，而能夠有這樣的成果，真是很不容易了。大概在日光強烈時，目力無法直接觀測，只有在迷霧和晨昏日光暗的時候，才能觀測日斑，所以史書有關日斑的記載，常常提到「日赤無光」「日出日晡 (bū)」等情況。這又證明我們的祖先是堅持勤勉地觀測天象的。宋朝程大昌《演繁露》說，看日食時，用盆貯油，看日光的反光；可能古人看日斑也有用這個方法的。

　　美國的天文學家海爾，是世界著名的研究太陽分光的專家，他在《宇宙的深度》裡說，中國古代觀測天象，如此精勤，實屬驚人。他們觀測日斑，比西方早約 2000 年，歷史上記載不絕，並且都很正確可信。獨怪西洋學者，在這樣的長

時間裡，何以竟沒有一個人注意到日斑問題；要一直到十七世紀應用了望遠鏡以後，才能發現日斑，真可使人驚奇。足見我國古代科學工作者，是有着卓越的勤勞精細的優秀傳統的，他們的光輝成就，使西洋學者也不得不折服。

　　我們的祖先對於流星群的觀測，也有着不可泯滅的功績。流星群好像是一群小行星的散體，有一定的軌道繞日運動，當地球走進它們的軌道區域時，地球四周的空氣，對這些散體產生摩擦，以至於生熱發光，在地面上看起來就是流星群。流星群也稱為流星雨，從地面上觀察，是一群大小縱橫、不計其數的流星，好像從天空的一個公點出發，散射到各個方向。如果這個公點是在天琴星座，便叫天琴流星群；如果這個公點在獅子星座，便叫獅子流星群。這些流星群都有一定的週期。公元前 687 年 3 月 23 日（春秋魯莊公七年四月辛卯），「夜中星隕如雨」。這便是天琴流星群出現的世界最古記錄。《五代史》司天考記載：「唐明宗長興二年九月丙戌（公元 931 年 10 月 16 日）眾星交流，丁亥（17 日）眾星交流而隕。」這是獅子流星群最古的記錄。在我國歷代史書中，關於流星群的記載，是非常豐富的。

　　我們的祖先對於北極光的觀察和記載，也是非常重要的。北極光在我國歷史上叫作「赤氣」。從公元前 30 年到公元

銅壺滴漏

1675 年（漢成帝建始三年七月到清康熙十四年），共有 53 次記載。

　　為了觀測天象，我們的祖先還不斷地創造了無數精密的天文儀器。在古代，計算時間的儀器是壺漏，這種儀器大概在春秋以前便發明了，古書最早記載壺漏的是《周禮·夏官》，說：「挈壺氏懸壺以水火守之，分以日夜。」古代測量長度的儀器是土圭，《周禮·春官》記載：「土圭以致四時日月。」到漢朝張衡製造了渾天儀，為後代的天文學研究打開了一條新的道路。在這以後，又不斷有各種天文儀器的創造，如漢落下閎（hóng）發明的渾儀、元郭守敬製造的簡儀，

渾天儀（明正統年間造）

　　都是比較重要的貢獻。郭守敬一共製作了各式天文儀器 13
種，都是非常精巧的，連一向輕視有色人種的《大英百科全
書》，也只好承認郭守敬所製的天文儀器，比丹麥天文家太
谷氏的同樣發明，要早 300 年。現在北京東城的古觀象台，
還陳列着歷代古天文儀器 12 種，其中就有郭守敬所造的儀
器。八國聯軍侵佔北京，德國侵略軍曾經把渾天儀等 5 種儀
器劫運到柏林，陳列在波茨坦宮，到第一次世界大戰後，方
才歸還。這些儀器都是我國科學史上的無價之寶，我們要特
別珍愛。

　　我們的祖先，不僅能辛勞地精細地觀測天象，周密地記
載天文現象，為後代子孫、為人類留下一份無比豐富寶貴

的天文史資料，而且也能夠從觀測的結果上，推論和計算出重要的科學結論。例如在曆法方面，晉成帝時的虞喜（公元330年左右），曾經以當時的星宿位置比較出和古代星宿位置的不同，因而發現了歲差，並且得出了每50年春分點在黃道要西移1度的認知。這雖然比西洋希普克斯發現歲差的時間，晚了400多年，但是精確的程度，卻比希普克斯的每100年差1度的估計準確得多。到七世紀初，隋朝劉焯定歲差每75年差1度，和實際已經相差不多；然而，西洋在同時還墨守每一百年差1度的陳說。又如在六世紀中，北齊的張子信，因避亂住在海島上，用了30年的時間，專以渾天儀觀測日月五星的運行，發現了一年中太陽在天空中行動有快慢，併發現了日月食的規律。他說：「日行在春分後則遲，秋分後則速。合朔月在日道裡則日食，若在日道外雖交不食。月望值交則虧，不問表裡。」張子信的兩種發現，對以後曆法和日食的預告，大有幫助。到唐玄宗時（公元八世紀二十年代），僧一行（張遂）從星宿位置的觀測上，發現了不但星宿在赤道上的位置和離極度數，由於歲差的緣故和古代已不同，就是在黃道上的位置也在變移。如建星，古時在黃道北半度，唐時測得在黃道北4度半，所有恆星都有這種現象。這種恆星本身在天上移動的現象，現在叫作恆星本動現象。

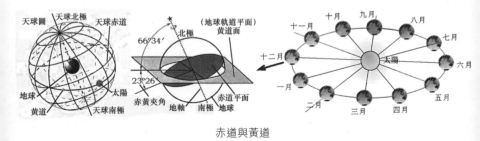

赤道與黃道

恆星本動在西洋到十八世紀初，英國哈雷才發現，比僧一行晚了近十個世紀！

　　唐朝另一偉大的科學事跡，是子午線的測定。自從《周髀算經》提出了日影千里差一寸的說法以後，到了隋朝，劉焯指出這個數不可靠，因而向隋煬帝建議需要實測一次，以決定是非。但隋煬帝沒有聽從。這事擱置了 100 年，到公元724 年（唐開元十二年），太史監南宮說（yuè）用了劉焯的主張，在河南一帶平地，用水準繩墨測量距離，從黃河北岸的滑州起，經汴州、許州直到豫州，並量了滑州、開封、扶溝、上蔡四個地方的緯度，結果得出子午線一度之長是 351 里80 步（唐制是三百步為一里）。這是全世界第一次實測子午線長度的科學活動，其結果雖然不很精確，可是在測量方法上是一個極大的進步。在國外，最早測量子午線的，是阿爾

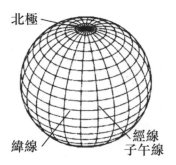

子午線（經線）和緯線

曼孟於公元 827 年，在美索不達米亞地方舉行的，已在南宮說的測量之後 100 多年了！到元朝，郭守敬又發起了測量全國緯度的大事業。計東起高麗，西至涼州、成都、昆明，北至鐵勒，有 27 個地點，設立了 22 個觀星台（觀測站），這可以說是我國古代天文工作的極盛時代。

前面說過，祖沖之父子在公元 500 年左右，曾經指出北極星距離北極有 1 度多。後來到了宋朝，沈括（公元 1030 至 1093 年）又注意到這個問題。他為了測定天空北極所在，花了三個多月工夫，夜夜觀測，畫了 200 多張圖，方知那時北極星離開北極尚有 3 度多一些。沈括能夠得到這個結果，完全是靠辛勤的實踐而來的。

由於我國天文觀測歷史的悠久，天文台的設置也是很早的。

早在 3000 多年前，已有「周公觀景（影）台」的設立。據史
書記載，西周初年，周公旦營建洛都時，在今河南登封縣（古
名陽城）東南告成鎮建立觀景台，用以求地中，觀日景，計
算四時季節。原台已不存在，現今在告成鎮周公廟前的觀景
台，是公元 723 年（唐開元十一年），由天文學家僧一行和
太史監南宮說，在改革曆法進行天文觀景時，仿周公舊制所
建，距今也有 1200 年了。在周公廟北有一座古「觀星台」，
就是元朝至元年間郭守敬所建僅存的全國中心觀測站。這個
觀星台是磚石結構，由台身和「量天尺」兩部分組成。台身
上下成 10 度斜坡，台上北壁有垂直凹槽，是測日影的「景
表」。從凹槽下方向北，以 36 塊青石接連鋪成「石圭」（即
量天尺），全長 31.19 米，其方位和現在測子午方向相符。圭
面有兩行平行水槽並刻有尺度，兩槽相距 15 厘米，水流可
循環以測水準。量天尺和景表構成一組測景裝置，可畫測日
景，夜觀星極。當年郭守敬在這裡曾觀測過晷（guǐ）景。這
座觀星台是我國建造最完整最古的天文觀測建築。郭守敬是
我國古代傑出的科學家之一，他在天文、水利、數學、儀器
製造等方面都做出了卓越的貢獻。1986 年 10 月 31 日，在河
北省邢台市西北郊達活泉公園（是郭守敬的故鄉，也是他曾
勘探修水利的地方），建成一座郭守敬紀念館，並塑有一座

高 4.1 米的立身銅像，像後是一座 11.69 米高的觀星台，台上裝有「量天尺」。這表達了我們人民對古代科學家的崇敬和緬懷。

　　大概在公元五世紀時，南京有司天台的建築。在公元 1279 年（元至元十六年）於北京建司天台，在洛陽等五處分置儀表，等於設了分台。到公元 1385 年（明洪武十八年），在南京雞鳴山北極閣上建立觀象台。在歐洲，直到十五世紀，波蘭天文學家哥白尼才首先認識到建觀象台的重要性，比我國晚了多少世紀！南京觀象台成立的年代，比英國格林威治觀象台（公元 1670 年），要早三個世紀，實在是世界上最早的觀象台。當時台上設備很是完善，日夜有人輪值觀測。利瑪竇來我國到南京時，對這座觀象台非常讚賞。到公元 1668 年，南京觀象台的儀表遷往北京，建築中央觀象台（由欽天監掌理），這就是現在北京東城泡子河的古觀象台。今天南京的紫金山天文台，是 1933 年設立的。

　　我國的曆法和天文，從兩漢直到宋元，各個時代都有進步和發展，但在明朝逐漸停滯，從明末起，一直由西洋人主持國家的曆法和觀測工作，甚至到康熙以後，許多天文記錄如日食等，都是殘缺不全的。主要的原因，一方面是由於明朝提倡科舉，用八股文取士，使一般知識分子都去搞八股文

了；清朝的統治者害怕漢族革命，更進一步用八股文作欺騙、籠絡人民的工具，所以天文曆法以及各種科學都受到抑制而很少發展。另一方面，西洋工業革命後，由於生產力的提高刺激着近代科學的興起。伽利略發明了望遠鏡，創造了有利條件，也有助於天文學家探測天空的深度。相比之下，我國的天文工作逐漸落伍。

　　現在，在解放了的新中國，地覆天翻，我們掙脫了封建主義和帝國主義的束縛，在優越的社會主義制度下，可以充分發展我們祖先們的成就。我們相信，我們的一切科學工作，包括天文學在內，都會突飛猛進，不斷創新，發揚我們祖先的固有榮譽。

五・指南針和指南車

指南針也叫作羅盤針，是一種磁針。它的中腰支在羅盤的中點，可以旋轉自如，由於磁石的指極性，針向便自動指示南北。羅盤針定型之前，是經過了一個長時間的發明改進的。

大約在戰國末期，我們的祖先便已發現磁石和它的吸鐵性。《管子》中說：「上有慈石者，其下有銅金。」所謂「慈石」就是磁石，可見至少2600年前的管仲時期（？至公元前645年），就已經知道磁石的存在了。在西洋，據說是蘇格拉底（公元前470至公元前399年）發現磁石的，那比我國至少晚了100年。在《鬼谷子・反應篇》上說明磁石可以吸鐵。大約也在同期，或者至遲在公元50年左右（東漢初年），又發現了磁石的指極性。

我們的祖先發現了磁石的指極性後，就開始利用它作指

南的工具。古時的指南工具叫司南，在戰國時期已普遍使用。《鬼谷子》中曾説，鄭人去採玉時，一定帶着司南，以免迷失方向。《韓非子》中也有關於司南的記載。王充《論衡》中肯定地説：「司南之杓，投之於地，其抵指南。」據我國的一些學者研究，知道司南是由一個用磁鐵做成的勺（杓），和一個「栻（shì）」組成的。栻即羅經，外邊方形木盤叫地盤，刻有天干、地支和八卦；中間圓形的叫天盤，也刻有天干，地支，另有十二個月名，是用木，或象牙、銅製成，光滑可以轉動。據古書所説，將勺投在栻的天盤上，讓它轉動，停

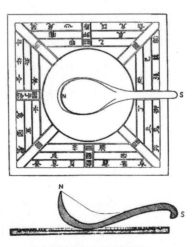

司南復原圖（王振鐸復原）

住時勺柄所指的方向便是南方。在二十世紀四十年代末，我
國學者王振鐸曾製出司南的複製模型。在國內外產生廣泛影
響。1987 年 8 月 4 日上海《文匯報》第二版各地新聞欄報道：
杭州大學物理系王錦光教授和歷史系聞人軍副教授，經研究
後指出，《論衡》所説「司南之杓，投之於地」是「投之於池」
之誤，司南不是投在地盤上，而是投在水銀池上，並做了模
擬實驗，證明其論點。不論投之地或投之於池，我們的祖先
遠在 2500 年前左右，已經掌握使用司南，是不容置疑的史
實了。

　　由於司南的使用，有條件的局限性，我們的祖先又不斷
研究有了新的發明——用薄鋼片剪成魚形，長約二寸，寬約
二分，磁化後浮在水碗中，便可指極，這是「指南魚」。在使
用過程中，不斷改進，便出現了「指南針」替代「指南魚」。
指南針是一枚磁化的小鋼針，可以放在指甲上、碗邊上轉
動，或在中間穿上小段燈草，浮在水碗裡，都能靈活地指向
南方。

　　指南針怎樣開始應用到航海方面的？歷史上的記載不很
清楚。但是，在魏、晉到隋、唐這一段時間內，我們的祖先
曾努力克服海上的風暴，展開南洋和印度洋上的和平貿易。
在這個時期，指南針必然已應用在海舶上。一直到十一世紀

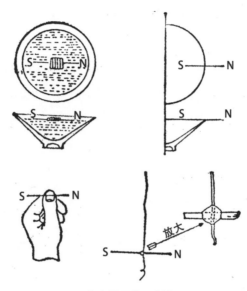

指南針用法示意圖

末葉，博學的沈括在《夢溪筆談》中，提出指南針的運用問題。在搖蕩不定的航船上，把磁針放在手指或碗邊上來定向，是容易滑落不很方便的。他建議用蠟將單線綴在針腰，掛在空中，運用起來旋轉比較方便。沈括的這種懸掛型指南針，便基本上確定了近代羅盤針的構造。沈括還科學地指出，磁針指示的方向，常常略微偏東，而不是絕對指南，這和近代科學的地磁偏差的觀察，完全符合。例如，在我國長

江流域，地磁向東偏 2 度（漢口一帶）到 4 度（沿海一帶）。
足見我們的祖先觀察事物的精密和認真了。

　　我國宋朝朱彧 (yù) 所著《萍洲可談》（公元 1119 年），是
世界上關於航海使用羅盤針的最古記錄。當時他在廣州看見
的中國海舶，有「舟師」「識地理，夜則觀星，晝則觀日，陰
晦觀指南針」。和他同時代，宣和年間（公元 1119 至 1125 年）
由海道往高麗去的使者徐兢，在所著《高麗圖經》裡，也有
類似的記載。可見那時從事航海的中國勞動人民，已經普遍
地掌握了羅盤針的科學知識，而廣泛應用在與洶湧波濤搏鬥
的航海事業上。在西洋和阿拉伯的文獻裡，關於羅盤針的記
載，最早的大約在公元 1200 年左右，顯然比我們晚了。那時
中國大船所組成的商船隊，在中國南海和印度洋上，是最活
躍的。據說當時的中國海船構造堅固，多檣多帆，體積龐大，
可以容納五六百人，載重到 30 萬斤。在航行和造船方面，
因為利用了指南針和避水艙，所以比較安全可靠。海舶為了
避免觸礁沉沒，把船艙分隔成互不通水的十幾個避水艙。這
種辦法，在歐洲的造船設計上，卻是相當近代的事。

　　我們的祖先，對航海和造船技術的創造，實已達到桅帆海
船登峰造極的境地。歐洲各國在十八世紀的時候，還只有三
桅船，而我們在十三世紀開始，便已使用十檣十帆的大船了。

那時的波斯船和阿拉伯船都很小，他們造船還不曉得用鐵
釘，只用椰子樹皮製成的繩索來縫合船板，再用脂膏和黏土
塗塞縫孔，不很堅固，抵抗風暴的力量也不強。所以在那些
年代，波斯船和阿拉伯船，都輕易不出波斯灣和紅海。在印
度洋上往來四海的，正是我國刻苦勤勞的祖先們所駕駛的大
海舶。在唐、宋時代（公元 618 至 1276 年），阿拉伯人、波
斯人、羅馬人從海道來我國經商的很多，他們大都搭乘比較
安全的中國海舶。當時的廣州、泉州和揚州，都是對外貿易
大商埠，外商居留人數最多的時候，廣州就有 12 萬人。南
宋時，通商的稅收曾佔國庫收入的 1/20。在這樣繁忙的通
商貿易情況下，羅盤針自然會很方便地傳入波斯、阿拉伯和
歐洲。

　　我們的祖先不僅利用自然的產物磁石，創造了為人類克
服航海困難的羅盤針，而且在發現磁石指極性的前後，東漢
張衡（公元 110 年左右），就利用純機械的結構，創造了「指
南車」。但是張衡的方法已經失傳。也有傳說是遠在 4000 年
前，黃帝和蚩尤作戰，為克服大霧迷途而作的。也有傳說是
3000 年前，周成王時，南方氏族越裳氏（在今越南廣西廣東
等地）到京城來，周公為了免得越裳氏回去迷路，曾把指南
車送給他們，作為指向工具。這些傳說只能表明人民對於偉

大的科學創造的景仰，所以編成美好的故事加以歌頌罷了。

　　在我國歷史記載上，對製作指南車有確實根據的，有三國時（公元 220 至 280 年）魏國的馬鈞，他造出的指南車被魏明帝「御用」，在改朝換代的變亂中，自然也就失傳了。以後還有人不斷研究，製造成功的，有後趙時（公元 333 年和公元 349 年）的魏猛和解飛，後秦時（公元 417 年）的令狐生，劉宋時（公元 477 年）的祖沖之。直到北宋時燕肅（公元 1027 年）、吳德仁（公元 1107 年）所造的指南車，才第一次在歷史上有了詳細記載。《宋史‧輿服志》對指南車的結構，有詳盡說明。

指南車模型圖（據王振鐸復原）

　　指南車是在車上立一個舉臂的木人，不論車子怎樣轉動方向，木人的手指永遠指向正南方。這主要靠車廂裡的機械控制。它是由五個齒輪組成的，車廂當中平放一個大齒輪，輪軸向上伸出，軸上立着木人，大齒輪轉多少度，木人也轉多少度。大齒輪兩旁各有兩個小齒輪，利用差動齒輪原理，當車輪轉彎時，車子向左（或右）轉，大齒輪就向右（或左）轉，轉動的角度，恰等於車子轉彎的角度，因此大齒輪軸的方向是不變的。我們的祖先天才地利用了這種裝置，當車子在回轉的時候，使站立在大齒輪軸上的木人，手臂永遠指向南方。從這證明，我們的祖先在 1800 年前，就已經創造了齒輪，發現了差動齒輪原理，並且創造利用了差動齒輪機。

　　在西洋，對科學的差動齒輪原理的發現，是近百年前的事。英國科學家蘭澈斯特曾悉心研究我國的指南車。1947 年 2 月間他發表了研究結果，並說：「現在證明了，我們西方各國在最近 60 年才知道的科學原理，中國人在 4000 年前就應用了。」

　　我們要充分了解祖先們以他們的天才和智慧在世界上所贏得的榮譽，並要珍視而自豪。

六 · 造紙和印刷術

我們的祖國很早就有眾多的典籍，靠着它們，保存了悠久而豐富的文化。而且由於造紙、刻板印刷和活字版印刷的發明，使書籍的傳播更加方便，文化的普及更加容易。因此，對於世界文化實在是重要的貢獻。

在古代氏族社會，我們的祖先們由於生活的需要，用簡單的符號文字記錄着重要的事情。起初各氏族在各個發展階段中，所用的符號文字是各不相同的。傳說孔子到了泰山，對記錄封禪的石刻文字，還不能完全認識（見《韓詩外傳》）；管仲對泰山的 72 種封禪石刻，也只能認識 12 種（見《管子》）。直到秦始皇滅六國後才統一了中國的文字，這是題外的話了。古代記錄這些符號文字的材料是龜甲和牛骨。在今河南安陽小屯村及其周圍 —— 殷墟，1899 年發現了刻有占卜之辭的甲骨，從 1928 年開始考古發掘到現在，發掘出宮

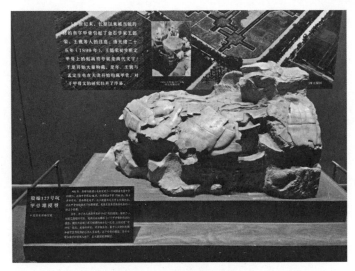

殷墟一二七號坑甲骨堆模型

室、陵墓、奴隸坑、作坊、居民點等遺址，生產工具、生活
用品、樂器等，還有大量刻有符號的甲骨。殷墟是商代後期
自盤庚至帝辛（紂）建都 273 年的遺址，是我國古代史上可
以肯定確切位置的都城。殷在 3500 年前左右，這些甲骨刻
辭就是當時歷史的真實記錄。

　　隨着社會的發展，記錄文字的材料又有了進步，約在
3000 年前左右，出現了竹簡、木簡。我們的祖先把竹子、木
頭弄成寬約幾分、長約一二尺的長片，每簡有八九個字或多

到三四十個字不等,將許多簡用麻繩、皮條或絲繩橫穿上下兩頭,編成「篇」。現在稱書的量詞叫「冊」就是穿簡成篇的象形字。在竹簡或木簡上除了用刀刻以外,主要的書寫材料是鉛,或是用天然黑色木汁製成的漆。1900 年在漢代長城遺址所發現的木簡,很多種就是漢代的舊物(這些珍貴的文物,已被國民黨送到美國去了)。這種竹木的文字典籍,在當時因為傳播的區域不廣,記載的材料不繁,還能應付時代的要求。

由於春秋、戰國的發展,秦漢的統一,文字的形式逐漸一致。古代人民為了歌頌祖先對文字的偉大創造,曾經假借

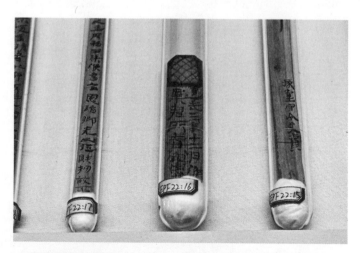

居延漢簡(東漢光武帝時期,1974 年居延甲渠候官遺址出土)

了神話式的人物，像伏羲和倉頡 (jié)，當作懷念的對象。
自從春秋戰國以後，由於人們生活領域的逐漸擴大，為了攜
帶和傳播的方便，絲織的帛便漸漸地像竹木的簡那樣普遍起
來。在《墨子》和《論語》裡，都曾談到書帛的事情。至於帛
的應用，到秦代蒙恬 (公元 220 年) 改良了毛筆，同時採用了
石墨，後來又有了用松煙桐煤所做的人造墨，帛便一天比一
天被更普遍地使用，在公元前後，帛差不多代替了簡。

　　在我國歷來傳說蒙恬造筆，認為他是筆工的鼻祖。現在
浙江湖州的小鎮善璉，是著名的毛筆 (湖筆) 的主要產地，
鎮裡有一條蒙溪，溪旁有蒙公祠，塑有蒙恬夫婦像。相傳蒙
恬隨秦始皇南遊登會稽後，曾和夫人在善璉傳授造毛筆的技
術，人民至今紀念他們。毛筆的發明，對古代文化的發展是
有貢獻的。

　　帛雖然比竹簡木簡使用、攜帶方便，但是它的成本太
高，不易普及。所以在漢代的 400 年間，我們辛勤優秀的祖
先們，不懈地努力嘗試製造帛的代用品。例如：漢成帝時 (公
元前 12 年) 的「赫蹏書」，和賈逵 (公元 60 年左右) 的「簡
紙」，都是近似布質紙的縑 (jiān) 帛。《漢書．外戚傳》下顏
師古注引應劭 (qú) 說：「赫蹏薄小紙也。」赫蹏實是做絲綿
的副產品，還算不得紙。我國古代沒有棉花，人們都穿絲綿。

我們的祖先製作絲綿是把煮過的蠶繭鋪在席子上，浸到河裡敲打，敲爛了就是絲綿。蠶繭是有膠質的，在敲打的過程中，其膠質就會混合一些碎絲附着在席子上，因此取下絲綿後，還可以在席上剝下一些薄薄的絲片，這就是「赫蹏」。它的價錢比絲織的帛要便宜得多，而用以書寫的功效和帛相似，所以當時的人們樂於採用。「紙」字從「糸」就是表示它製作的根源。據許慎《説文解字》「紙」條説：「絮，苫（shān）也。」段玉裁注也指出紙最初是用絲絮做的。但是，這種「紙」還不是真正的紙。後來做紙的方法又大有改進。

　　據解放後考古發掘的材料，西漢已有麻紙，那就是説在公元前二世紀左右，我國勞動人民已在生產實踐中改進了造紙方法。到東漢時，蔡倫在總結前人用麻質纖維造紙經驗的基礎上，又改進了造紙術。蔡倫是東漢明帝的宦官，聰穎有才智，和帝時為中常侍並曾任主管製造御用器物的尚方令，公元 114 年（東漢安帝元初元年）又封為龍亭侯。《後漢書‧蔡倫傳》中説道：「自古書契多編以竹簡；其用縑帛者謂之為紙。縑貴而簡重，並不便於人。倫乃造意，用樹膚、麻頭及敝布、魚網以為紙。」公元 105 年（東漢和帝元興元年），蔡倫將他用樹皮、麻頭、破麻布、漁網做成的紙和造紙的經過、方法奏報朝廷，大家公認這是極有價值的創造。蔡倫被

譽為是造紙術的「發明者」，並稱他的紙為「蔡侯紙」。誰知十幾年後，蔡倫被捲入宮廷的是非中，他不甘受辱，於公元121年服毒自盡。一個有卓越貢獻的人，在封建制度下竟是這樣悲慘地犧牲了。但是，蔡倫造紙對人類的功績是不會泯滅的。

漢代造紙工藝流程圖（轉錄自《中國古代科技成就》）

　　蔡倫所造的紙，以後又經過同時代的左伯和一些優秀的造紙專家們不斷地改進，生產數量也不斷增加。三國時代除「蔡侯紙」外還有用稻草造的草紙、用麻造的麻紙、用木造的穀紙和用舊漁網造的網紙等。到晉朝，造紙技術有了更大的進步，掌握利用植物纖維造紙的技術，著名的有「剡（shàn）溪藤紙」。所以魏晉以後，紙幾乎完全代替了帛。我們的祖先為了使紙容易吸收墨汁，還發明了用石膏粉、苔膠或其他粉末來塗糊紙面。

　　在明代宋應星所著《天工開物》（公元 1637 年）中第十三卷「殺青」，就詳細講述了竹紙和皮紙的製作過程，對造紙的工具和紙槽、烘爐等的結構都有細緻的描繪。大量用竹的纖維造紙是西晉以後的事。竹紙的產生使造紙業走上了一個新的階段。自唐以後，長江流域因為盛產竹的緣故，造紙業發展得很快。元代江西的造紙業在全國佔了很高地位，到明代已成為全國的造紙中心；福建、浙江、安徽、湖南等地的造紙業更是歷久不衰。

　　我國早期的紙，在中古時期，曾經由商人從陸路逐漸經過新疆一帶（公元 450 年左右）、中亞細亞（公元 650 年左右）、阿拉伯（公元 707 年）、埃及（公元 800 年）、西班牙（公元 950 年）傳到了歐洲。據可靠的歷史記載：意大利在公元

1154 年、德國在公元 1228 年、英國在公元 1309 年才曉得有紙。至於歐洲各國自己造紙的時期，就更晚了。西班牙在公元 1150 年、法國在公元 1189 年、意大利在公元 1276 年、德國在公元 1391 年、英國在公元 1494 年才開始造紙；北美直到公元 1690 年才有造紙廠。而且，他們那時所用的厚紙和它的質地，卻和我們祖先在四五世紀間所造的相仿。他們開始造紙，已是我們祖先發明造紙術 1000 多年後的事了。

在我國的造紙術沒有傳到歐洲之前，他們用的代用品是埃及人的「草紙」和「羊皮紙」。草紙是用從尼羅河畔野生的紙草的莖上剝下的薄膜，一層層地貼上，壓平曬乾而成的，它薄脆易碎，中國紙流入歐洲市場後，「草紙」很快就被淘汰了。「羊皮紙」就是去了毛的光滑的羊皮。據說抄一部聖經要用 300 多隻羊的皮，價格昂貴。所以，那時歐洲的圖書館，用鐵鍊子把書鎖在桌子上，以免丟失；學生在學校裡也買不起書。我國紙的傳入和普及，解決了他們的讀書問題，推動了文化的交流、教育的發展，可見中國造紙術的西傳，對歐洲的影響之深了。

我國古代的文字既然用帛來記載，並且每一段文字記載都捲成一個捲軸，所以後來的書籍就沿用了「卷」的名稱。五卷或十卷包成一包，稱作「綈帙 (tí zhì)」，就是後代藏書

稱「函」的來源。卷子比竹簡雖已便利得多，但是後來的文字記載日趨複雜，要從一卷書裡檢查一段文字時，就得將全卷展開，手續上還是相當麻煩，因此，我們的祖先大概在八世紀以後，又逐步發明了把卷子折成冊（迴旋摺疊），叫作「旋風葉」。這種折頁的書籍，在唐代中期曾經風行一時。當雕版印刷的書籍大量印行以後，由於印刷的方便，線裝型的書籍才逐漸代替了卷子或旋風葉。在敦煌石窟中所發現的古籍，從公元五世紀初到十世紀末，成卷的共約 15000 餘卷，可恨大部分已被法國人伯希和及英國人斯坦因偷盜騙買出國，現存巴黎圖書館（今存法國國家圖書館 —— 編者注）和不列顛博物院（今存大英博物館 —— 編者注）內，成為文化侵略者的贓證。

古時的書都是靠手抄。在公元 175 年（漢靈帝熹平四年）的時候，對當時最通行的經籍，為了避免輾轉傳抄造成訛誤，便在太學門前，立了蔡邕等寫刻的石經，作為標準。蔡邕字伯喈，是東漢著名的文學家、書法家（其女即蔡文姬），他所寫刻的六經，世譽為「熹平石經」。（蔡邕後來為董卓所用，王允誅董卓，蔡邕死於獄中。）當時四方學人都到京師來抄寫摹拓石經，有人發明了拓碑的方法 —— 先將紙潤濕鋪在碑上，然後用棉槌敲擊，使紙在刻字的地方依字形凹下

去，乾了以後，再用刷子在紙面刷上一層薄而均勻的墨汁，石碑上的字是白的，好像印在了黑紙上，這樣就得到一份完整而清晰的石碑拓本了，比抄寫既簡捷還保存了法書的真跡。這也可以説是雕版印刷的萌芽，「印」「刷」二字大概就是來源於此吧。

以後每一時代都有石經的雕刻，而真正的雕版印刷，有人認為是從隋朝（公元 600 年左右）開始的。把文章刻在石碑上既笨重又費工費錢，絕不可能用來印書的。隋朝時人們創造了用木板代替石碑刻字印刷後，雕版印刷術才興盛起來。雕版是把寫好字的薄紙反貼在木板上，把無筆畫的地方都鑿去，於是就造好一塊凸出反字的印版，印刷時只需塗上墨，蓋上白紙，再以小刷或棉槌刷製紙背，黑色的正字即可清晰地印在白紙上。雕版比起石刻來價廉工易，又大為進步，雕好一套木板就可以印出大量的書籍了，在當時確是一個很有價值的發明。由於佛教的傳播擴大，隋朝時就曾經雕印佛經。唐僖宗（公元 874 至 888 年）時，逐漸由於勞動人民的需要，在四川民間有用墨板雕印的《字書》《小學》（文字學）和一般技藝的書籍。唐末，用雕版印刷經書史書的漸多。到五代的時候（公元 907 至 959 年），除民間已雕版印書成風外，連卑鄙的「長樂老」馮道也倡議在國子監內校定《九經》

世界上現存第一卷印刷的書籍 ——《金剛經》卷首

並雕印,後世稱為「五代監本」,官府大規模刻書自此始。(馮
道在後唐、後晉任宰相,又投附契丹任太傅,後漢時任太師,
後周時任太師、中書令,恬仕五姓。)

　　唐朝和五代的刊本,由於屢經戰亂,遺留下來的很少
了。現在世界上保留着的最古的雕版書籍,是唐刻《金剛
經》和五代的《唐韻》《切韻》三種,但都已被盜買到海外去

了。唐刻《金剛經》原來封存在敦煌石室，是公元 868 年〔唐懿 (yì) 宗咸通九年〕雕印的。這是一卷佛教經典，全卷長約 15 尺，闊約 1 尺，是由 7 張紙連接起來的，卷首印有一幅木刻的佛教圖畫，卷末有一行字注明：「咸通九年四月十五日王玠為二親敬造普施。」這卷子保存得十分完整，早已被斯坦因盜買出國，現在存於英國倫敦博物館（今存大英博物館——編者注）。

中國古代的刻書事業，在宋朝極為發達，官府刻書的有 50 餘處，書籍的內容已由經典廣及歷史、哲學、醫學、算學、文學等各方面。民間刻書的更多，有史可稽的著名書坊鋪子很不少，如建安余氏勤有堂（創於唐代，歷宋元明三代，出版的書籍行銷全國）、廣都斐宅、稚川傳授堂、臨安陳氏、建邑王氏等。刻書的地方也遍及全國，尤以浙江、福建、四川、河南、陝西等地為盛。宋朝刊印的書籍據說有 700 多種，數量很大，雖在久遠的年代中大部分損毀，但留存至今的估計原有十萬部左右，的確是我國寶貴的文化遺產了（經過「文化大革命」浩劫，不知還有多少餘燼）。宋代較好的雕版都採用梨木、棗木。古人對刻印無價值的書，有「災及梨棗」的成語，意思是白白糟蹋了梨棗樹木的好材料，也可見當時刻書之風盛興。

我國的雕版印刷術，在八世紀早期就傳到日本。八世紀後期，日本的木版《陀羅尼經》完成。但是從另一個方向，到十二世紀左右才傳到埃及；另由波斯傳到歐洲，到十四世紀末，在歐洲才有雕版印刷的圖像。現存歐洲最早的有確切日期的雕版印刷品，是德國的《聖克利斯托菲爾》畫像，日期是公元 1423 年，比我國晚了六個世紀。

雕版印刷雖已確立了傳播文化的有利基礎，但是，我們的祖先並不以此自滿。因為它還有很多不足：費用大，費工費時，刻一部書往往需要若干年才能完成，據說《五代監本》刻了 31 年；宋太祖時（十世紀後半葉）成都雕印《大藏經》費時 12 年。同時木板刻錯了字不便修改，而且一部書的木板數量不少，難以放置，還會蟲蛀、變形、損壞等。所以，從事印刷事業的優秀勞動人民不斷努力，在雕版技術的基礎上，終於又發明了活字版，並且逐漸改進，到能夠進行大量印刷的地步。

遠在 2000 多年前，秦始皇統一全國的度量衡器，曾在陶製的量器上用木戳印上 40 字的詔書。這實在是活字版的肇始，不過，它雖是件發明，卻沒有推廣和應用。

活字版的發明者是宋仁宗慶曆年間（公元 1041 至 1048 年）的畢昇。他發明了在膠泥塊上刻字，每塊一字，用火燒硬後

便是活字模。排版前先在有框的鐵板上，塗一層混合着紙灰
的松脂蠟。然後將活字排在鐵板上，加熱，蠟稍熔化，用平
板壓平字面，泥字固着在鐵板上，可以像雕版一樣地印刷。
這種活字印刷，製版迅速，如發現錯字可以隨時更換，邊排
邊印，沒有雕版蟲蛀、變形和保管困難的問題；一頁書成批
印就後，可即將版拆卸，活字模可以多次應用，這種活字印
刷是有很多優點的。但是，在畢昇生前（他卒於公元 1061 年）
活字印刷並沒有得到推廣，在宋代歷史文獻中也沒有他的發

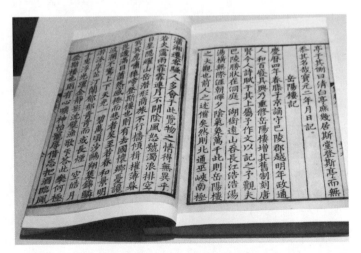

《范文正公文集二十卷》北宋刻本

明事跡。沈括在《夢溪筆談‧技藝》卷十八，對畢昇的創造經過，有可靠而詳細的記載，並且説畢昇死後，沈括還保留了畢昇的活字模作為珍貴的紀念。如果沒有沈括的記敍，畢昇和他的優秀發明，都將永遠湮滅無聞了。

到了元朝，農學家王禎根據畢昇的活字印刷原理，加以改良，用木料代替膠泥，克服了膠泥字（也稱瓦字）易碎和上墨不勻的缺點，而且木字易製。據沈括説，畢昇當時也研究過木字，認為木質紋理疏密不一，沾濕了就高下不平難於處理，而且和松脂、蠟相黏，不好拆下，不如泥字爽利。足證畢昇是悉心鑽研改進印刷術的。他所提的其實是選材和技術問題；事物總是在不斷地發展，200 年後，木字完全代替了畢昇的泥字。據王禎説，先用木板刻字，然後用小細鋸鏤（sōu）開，修整成活字。當時他還創造了使用省力的輪盤排字架，木製大輪盤直徑 7 尺，中間裝輪軸高 3 尺，盤能左右旋轉自如。木字按古代韻書分類，分別放在輪盤的字格裡。每盤約有字 3 萬多個，普通字每字重複三四個，常用字每字複製 20 多個。排版時轉動輪盤，按文揀字，工作方便。揀出的字排在一個木框裡，木框的大小與書頁相同。一框排滿，用薄木條嵌入字行中間，並用細木片揳緊，經過校對無誤，這一版就可印刷了。

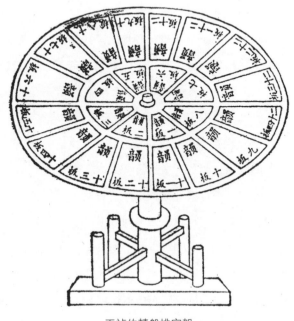

王禎的轉盤排字架

　　王禎在公元 1298 年（元成帝大德二年）用木活字版試印
了他編著的《旌德縣誌》（旌德縣在安徽，他在任縣尹），有
6 萬字，不到一個月就印成 100 部，與雕版印刷相比，功效
提高了不知多少倍。王禎總結了關於活字、排版、裝字、印
書等的具體技術，寫成《造活字印書法》（公元 1314 年）、《寫
韻刻字法》《作盔安字法》《活字版韻輪圖取字法》等篇，附在

《農書》後面，這是我國印刷史上的珍貴文獻。

　　活字印刷術的發明，把印刷術大大地提高一步而邁進一個新階段，在以後人類的文化生活上，起了決定性的影響。這種活字印刷術，在公元 1390 年左右傳入朝鮮，又在另一個方向由西域傳到歐洲。公元 1450 年時，德國人谷登堡才開始用活字版印聖經。

　　活字印刷術傳到朝鮮以後，優秀的朝鮮人民提倡用銅活字印書。十四、十五世紀是朝鮮文化傳播最活躍的時代，印出了成千上萬的典籍，加上那時更有拼音文字的創造（公元 1434 年），因而朝鮮人民享受着很豐富的文化生活。

　　由於中朝人民的密切交往，朝鮮的鑄字術在十五世紀末又傳了回來。王禎在《造活字印書法》中曾說起有人用錫做活字，但因不易着墨，印刷失敗的事。明朝後期受朝鮮印刷術的影響，便有了金屬活字，到孝宗弘治年間（公元 1488 至 1505 年），銅活字正式流行於江南一帶。當時無錫華氏會通館（華燧、華煜合辦）和安氏桂坡館（以安國為代表）是名聞海內外的藏書家和出版家，都用銅活字印過卷帙浩大的書籍。同時期，在金陵也有用銅活字和鉛字印刷的。明、清兩代活字印刷大為盛行，印書數量空前倍增。在明朝著名的印刷品中，公元 1512 年（明正德六年）再版了宋朝興國二年開

始編輯、歷時六年而成（公元 977 至 983 年）的《太平御覽》
一千卷，就是用金屬活字印的。清康熙年間即編輯的百科全
書《古今圖書集成》，到公元 1726 年（清雍正四年）用銅字
版印行，全書一萬卷，是我國歷史上規模最大的一部銅活字
版印書。公元 1773 年（清乾隆三十八年）朝廷曾用棗木
刻成 253000 多個大小活字，先後印成《武英殿聚珍版叢書》
138 種，共計 2300 多卷。這是我國歷史上規模最大的一部木
活字版印書。

　　我國印刷術在版畫方面，也有卓越的貢獻。版畫的起
源，應該從殷周時代的甲骨和銅器玉器的圖案算起。在漢魏
六朝間，碑、板、墓磚的花飾，已和版畫有密切關係。大概
在這時期，佛教徒為了念經記數，開始印製佛像，以後版畫
漸漸流行起來。大約在公元 1320 年間，我國木刻圖畫的紙
牌（道具），傳到了歐洲大陸。元朝在公元 1340 年，用朱墨
兩色套印了《金剛般若波羅蜜經》，這是世界上最古的套色版
書籍。公元 1581 年，明代湖州人凌瀛初用四色套印了《世說
新語》。以後套印的版畫更多，特別是公元 1627 至 1844 年，
南京胡正言彩色印刷的《十竹齋箋譜》，顏色鮮明和潤，就是
現在看來也還是了不起的傑作。最早的彩色木刻畫是用幾種
顏色塗在一塊雕版上的，這樣的成品很不精緻。不久，就發

明了「饾（dòu）版」套印法，即先把彩色畫稿的各種顏色分別開來，每一種顏色刻一塊木板，印刷時依色逐次套印，就可以印成一幅色彩繁複的木刻畫了。以後又加上「拱花」的方法，使彩色畫在紙上凸凹，像浮雕似的，更為精彩生動。我國套版版畫的發明，給全世界貢獻了豐富的優美藝術作品。

英國科學家李約瑟，在他所著《中國科學技術史》中提到，西方各國在雕版印刷上，落後於中國約 600 多年；活字印刷，落後約 400 多年；而金屬活字的印刷，也落後約 100 多年。

中國的印刷術傳到歐洲後，打破了只有僧侶才能讀書受高等教育的壟斷，為文藝復興的出現，以及科學技術的發展，開闢了道路。肯定地説，我國造紙術和印刷術的發明傳播，推進了全人類的文化發展。

七‧火藥

　　火藥是一種混合物或化合物，當它受到衝擊或高熱的時候，會產生劇烈的化學變化，因而產生高熱和多量的氣體。現在世界上有許多種類的火藥，但是，最早被人類利用的，要算我國發明的火藥，也就是一般說的「黑色火藥」和「褐色火藥」。

　　黑色火藥的主要成分是硝石（75%）、硫黃（10%）和木炭（15%）。在爆炸的時候，化合成硫化鉀、二氧化碳和氮氣。但在炭分較少的時候就化合成硫酸鉀、一氧化碳和氮氣。火藥燃燒以後，大約產生原重 45% 的氣體，這些氣體的體積在高溫下面，大約膨脹到火藥原有體積的千倍以上。如果把木炭的炭化程度減低，那麼，火藥的顏色呈褐色，它的爆炸力卻增高，普通叫作褐色火藥。

　　火藥的發明應歸功於古代的煉丹家。我們的祖先很早

（公元前後）就發現了黑色火藥的各種主要原料——木炭、硫黃和硝石。世界各民族對木炭的應用都很早，我國古書中就有「季秋伐薪為炭」「仲夏禁無燒炭」等記載。硫黃在我國古代稱作石流黃、留黃、流黃、硫黃。我們的祖先大概在公元前後，從南方發現了天然硫黃的富源，例如在湖南的郴縣，有大量的硫黃礦。以後，在華北各地也有不斷的發現，如山西陽曲的西山，河南新安的狂口，便是硫黃礦產比較有名的地點。在《武經總要》（公元 1044 年）裡有好幾處提到晉州硫黃的。但是，我國古籍裡最早提到「流黃」的是《淮南子》。在西漢末問世的第一本古代偉大藥物典籍《神農本草經》上，把石流黃列入「中品藥」的第 3 種，並說「石流黃生羌道山谷中」；也有說出在漢中或河西的，可見硫黃在我國古代發現的區域是很廣的。在漢、魏、晉、六朝的丹書裡常常提到硫黃，因為硫黃在古代煉丹術裡已佔重要地位。中國古代煉丹家不僅知道硫黃的存在，而且熟悉並掌握了很多關於硫黃的物理、化學性質，比如熔解和昇華現象。昇華後的硫黃，古代丹書裡叫作「伏火硫黃」。

硝石是黑色火藥裡的氧化劑。使用硝石，是我們祖先發明火藥的重要環節。火藥有沒有爆炸力和爆炸力的大小，主要依據含硝的成分多少決定。《神農本草經》把硝石列為 120

種「上品藥」的第 6 種。我們的祖先最早發現它有消除積熱和血瘀等醫療效用,所以硝石也叫作「消石」。後來(見《靈苑方》)又發現它可以醫治癲癇、風眩等病症。中國古代煉丹家不僅知道硝石的存在,而且熟悉並掌握其性能,使之成為煉丹術裡的主要氧化劑和熔劑。

我們的祖先也很早就發現了硝石的工業效用,是燒煉琉璃的主要原料之一(見《諸蕃志》趙汝适(kuò)著,公元 1225 年),同時也是勞動人民在金銀工藝製作中的主要藥料。我國古代建築上應用琉璃很早,在漢朝的《西京雜記》上就有關於琉璃事物的記載。所以我們可以很肯定地說:我們的祖先最遲在公元前後,便已發現了和現代人類文明有密切關係的「硝」,並能掌握利用它。「硝」在我國古書裡有許多不同的名稱,除「硝石」「消石」最普通的兩種之外,有時也稱作焰硝、火硝、茫硝、苦硝、地霜、生硝、北地玄珠(編者註:亦作北帝玄珠),等等。這些東西的化學成分主要是硝酸鉀、硝酸鈉和硝酸鈣等硝酸鹽類;李時珍在《本草綱目》裡稱這類硝為火硝,以免和色味類似的水硝(硫酸鈉)相混。水硝在古書裡也有許多不同的名稱,如芒硝、馬牙消、英消、皮消、盆消等。我們的祖先經過長期經驗的積累,也發現了近代化學分析中常用的火焰分析法,分辨火硝和水硝。煉丹

家陶弘景在公元 500 年左右，就指出硝石有「強燒之，紫青煙起」的現象。

由於我國很早在工業上和醫藥上都廣泛地利用硝石，所以對於硝的採集和提煉工作，也特別注意。在華北各地，一些低濕的地方像牆根上，常常長着硝（主要是硝酸鈣）的細微白色結晶，叫作「牆鹽」；這大約是古代硝石的主要來源。在十二世紀以後的埃及、阿拉伯古代書籍上，提到硝的時候，都稱作「中國雪」（埃及），「中國鹽」（波斯）或「牆鹽」。這一方面提供了硝是從中國傳到西方去的證明；另一方面，也指出了古代硝石的來源，主要是牆根的鹽。天然的硝石，《本草經》說「生益州」，也有說出在武都隴西的；可見古代四川、甘肅一帶出產硝石。但因交通不便，不能運出來，所以一些地方用硝主要還是依靠牆鹽。直到公元 664 年，由我國和尚趙如珪、杜法亮和印度和尚法材等，在山西靈石縣和晉城縣（澤州）發現了燒成紫焰的硝石。那時，我們的祖先已經知道在印度恆河北面的烏萇（cháng）國也產硝石。李時珍的《本草綱目》中說到硝的提煉，用雞蛋清和硝揉搓拌勻，然後加水，上浮的叫「芒硝」，下沉的叫「朴硝」。芒硝是比較純粹的硝酸鉀，朴硝主要是硫酸鈉，但也含有食鹽和硝酸鉀及其他雜質。所以朴硝可以用作泄下、消化、利尿等藥。

朴硝在《神農本草經》中是「上品藥」的第 7 種。可見我們優秀的祖先，很早就掌握了提煉和辨認硝石的科學經驗。但是西洋人在三四百年以前，對於硝、碳酸鈉和食鹽，還鬧不清楚。西洋古代書中所謂的硝，十之八九是指水硝；在十二世紀以前，阿拉伯人和歐洲人都並不知道有「硝石」這東西。

我們的祖先由於在煉丹術裡，既用硫又用硝，從而逐漸地發明了可以燃燒的火藥。但是對這段長期的艱苦的發明過程，並沒有足夠的具體的史籍可考。公元 600 年前後，我國古代的煉丹家兼醫學家孫思邈，在所著《丹經》內伏硫黃法中記載着類似火藥的方子，說：用硫黃二兩，硝石二兩研末，加上三個皂角子（焙燒即成炭），放在埋於地下的沙罐裡，然後用熟炭三斤在罐口上煅製，如果不小心把炭火落入罐中，會起火藥的作用。這應是世界上關於火藥最早的記錄。後來，到公元 809 年，清虛子有伏火礬法的方子，也是用硫、硝各二兩，和馬兜鈴三錢半，加工煉製。這個方子雖不能引起爆炸，但是可以引起燃燒。此後，因為煉丹家們把硝石、硫黃合在一起煉製，造成許多燒毀房屋或損傷身體的事。在《太平廣記》（公元 977 年）卷十六，寫有一段故事：隋初有個叫杜子春的，往訪一位煉丹老人，被邀住下，半夜驚醒，忽然看到從煉丹爐中有紫煙衝出，頃刻間燒起大火。煉丹者

在配製易燃藥物時，往往因疏忽而引起火災。

　　火藥雖由煉丹家們發明，但是煉丹家並不希望它有強烈的爆炸力。火藥一旦轉入軍事家們手中，不僅應用它的燃燒力造成武器，而且加強發展它的毒性、爆炸力、燃燒力、發放煙幕力等，進行不斷的研製，引起武器製造的改革，從兵刃進入火器時代。

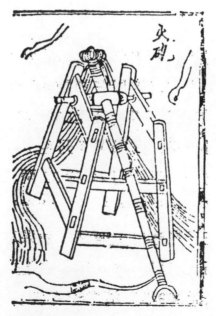

宋代用拋石機來拋射火炮（據《宋史》卷一九七）

　　在我國火藥用於戰爭的記載，見宋代路振的《九國志》：
唐哀帝時（約公元 905 至 907 年）鄭璠攻豫章郡，「發機飛火」
燒了龍沙門。許洞解釋說，飛火就是火炮、火箭之類的。北
宋時期，火藥肯定已應用在軍事上，在公元 969 年（宋太祖
開寶二年），馮義昇和岳義方二人，發明了火箭法，並且試
驗成功。後來《武經總要》說：「放火藥箭者，加樺皮羽，以
火藥五兩貫鏃（zú）後，燔而發之。」可見那時的火箭是用
慢性燃燒的火藥，縛在箭頭上引弓發射的。那時射火箭的能
手，大都來自吳越，並且還有用拋石機拋擲火藥包的，叫作
火炮。火藥武器所顯示的威力，引起了軍事家們的重視，同
時為了抵抗北方種族的入侵，對於火藥運用和武器製造的研
究，特別注意。在公元 1000 年，士兵出身的唐福和石晉（公
元 1003 年）先後發明了燃燒性的火藥武器 —— 火毬和火蒺
藜。火藥武器的出現又反過來推動了火藥的研究和大規模生
產。《武經總要》上曾詳細地記載着那時的研究成果，以及
新型的火藥武備的內容。

　　《武經總要》記載了三個火藥方子，這三個方子是人類歷
史上最早的火藥成分的記載，現在抄錄如下：

1 · 毒藥煙毬火藥法

礵黃	十五兩	焰硝	一斤十四兩
芭豆	二兩半	草烏頭	五兩
小油	二兩半	木炭末	五兩
瀝青	二兩半	砒霜	二兩

2 · 蒺藜火毬火藥法

硫黃	一斤十四兩	麓炭末	五兩
瀝青	二兩半	焰硝	二斤半
乾漆	二兩半	竹茹	一兩一分
麻茹	一兩一分	桐油	二兩半
小油	二兩半	蠟	二兩半

3 · 火炮火藥法

晉州硫黃	十四兩	麻茹	一兩
砒霜	一兩	焰硝	二斤半
乾漆	一兩	定粉	一兩
窩黃	七兩	竹茹	一兩
黃丹	一兩	黃蠟	半兩
清油	一分	桐油	半兩
松脂	十四兩	濃油	一分

在第一個方子裡，除磠（硫）黃、焰硝、木炭末之外，芭
（巴）豆、草烏頭、砒霜都是毒物，小油、瀝青是用以控制燃
燒速度的，在第二個方子裡也用了瀝青。像這樣利用瀝青的
光輝發明，在英美各國，還是二十世紀的事情。目前固體燃
料的火箭炮，便是用瀝青來控制燃燒速度的。在第三個方子
裡，焰硝幾乎佔一半分量，可惜沒有木炭，其膨脹力只能從
麻茹、竹茹的炭分中獲得。這三個方子，基本上都是燃燒性
的，並無爆炸的能力。但是，在當時能有這樣的創造，已是
非常珍貴了。

　　在宋代，對火藥的研究既已發展到這種程度，火藥製造
的規模自然也是相當大的。據記載當時朝廷設有「軍器監」，
機構很大，下有 11 個大作坊，火藥作、青窰作、火作（生產
火箭、火炮等）、猛火油作等；雇用工人多達數萬人，分工
很細。在公元 1083 年，宋人為了抵抗西夏人入侵蘭州，曾經
一次領用火藥箭 25 萬支，可見當時火器生產的規模。

　　由於硝的提煉、硫黃的加工、火藥質量的提高，促使火
藥武器的發展，進一步由燃燒型過渡到爆炸型。上文火藥方
子中所説蒺藜火毬等，雖也有一些爆炸力，但性能很弱。到
南宋以後普遍應用着的火藥武器，不斷地製造和改進，加強
其爆炸性能。據《武經總要》説開始是用乾竹子做的霹靂火

毬，還有霹靂炮；公元 1126 年時金人攻開封，李綱曾用霹靂
炮擊退了敵人。公元 1204 年，趙淳守襄陽，也用霹靂炮抗
擊金人。1259 年 7 月，王堅、張珏守釣魚城，用炮擊斃蒙軍
統帥蒙哥。所謂霹靂炮，究竟是怎樣的武器，竟無記載可考，
顧名思義，定是聲如霹雷，殺傷力很大的爆炸型武器。一直
到公元 1257 年，蒙古人從越南北上，靜江（今桂林）震動，
宋派李曾伯到靜江調查武備，提起有鐵火炮大小 85 尊；並
且說荊、淮有十數萬尊；又說他在荊州一月製造一兩千尊。
這個報告不免有些誇張，但也可見那時已有鐵製火炮，在荊
州一定還有造炮的工廠。至於鐵火炮的形式：「如匏（páo）
狀而口小，用生鐵鑄成，厚有二寸。」（見趙與《辛巳泣蘄（qí）
錄》）由於當時的冶金鑄造已有相當的水平，在武器改革的要
求下，有條件以鐵殼代替原有的爆炸型武器的外殼。為了多
裝火藥增強炮火的殺傷力，不論是竹殼、皮殼都承受不了強
大的氣壓，必然要改用優越的鐵殼。鐵殼的強度大，火藥點
燃後，蓄積在炮腔裡的氣體壓力就大，爆炸威力就大。《金
史》中描述說：「火藥爆發，聲如雷震，熱力達半畝之上。
人與牛皮皆碎迸無跡，甲鐵皆透。」霹靂雷就是這一類的武
器了。

　　管狀的射擊性武器，是公元 1132 年陳規守德安時發

宋代發明的突火槍（據《武經總要》）

明的，起初叫火槍。火槍是一條長竹竿，兩人拿着，先把火
藥裝在竹管裡，點着了火發射出去。以後又有改進，如把
竹竿改成鐵管等。這種火槍不但用以射擊，還可以做衝刺
武器。《元史‧史弼傳》曾說，史弼在公元 1274 年（元至元
十二年）「被宋騎士二人挾火槍所刺」。

　　公元 1259 年時，壽春府造了一種劃時代的新武器，叫
作「突火槍」。據記載「以巨竹為筒，內安子窠，如燒放焰絕，

然後子窠發出如炮，聲遠聞百五十餘步。」子窠就是原始的子彈，火藥點燃後產生很強的氣壓，將子彈發彈出去。近代槍炮就是由這種管形火器逐漸發展起來的。所以，突火槍應是近代槍炮的開山鼻祖。

此後，在軍事上用火器的記載，日漸增多。金哀宗時曾用火槍擊敗元軍；金、元在開封交戰，雙方都用了火炮。至遲在元代，已較普遍地出現鐵鑄或銅鑄的筒式大炮，被稱作「火銃」。現在歷史博物館（現中國國家博物館）保存着公元1332年（元至順三年）造的一尊銅炮，是已發現的世界上最古的銅炮。元末農民起義，很多自製大炮，在浙江曾保存着公元1356年的大炮兩尊。

明代的火器「神火飛鴉」
（據《武備志》）

明代的火器「火龍出水」（據《淵鑒類函》引《兵略纂聞》）

　　在明代著名軍事著作《武備志》中，有許多新發明的武器圖説，如能同時發射 10 支箭的「火弩流星箭」、發射 32 支箭的「一窩蜂」等，還有類似初級火箭的「神火飛鴉」等。特別是有一種「火龍出水」的火器，可以在距離水面三四尺處飛行，遠達兩三裡，「如火龍出於水面，藥筒將完，腹內火箭飛出，人船俱焚」。可以説這是雛形的兩級火箭：它利用四個大火箭筒燃燒噴射產生的反作用力，把龍形筒射出去，當四個箭筒的火藥燒完後，又引燃龍腹裡的神機火箭射向敵方，設計、構造確屬先進的了。明末因抵禦在東北崛起的滿族統治者的入侵，在兵器方面曾有巨大的發展。從手抄本的《武備志》裡，發現當時曾有人製造出噴射推進的圓彈，裝置兩翼，在遼東的戰爭中應用過；它的原理和近代的飛彈是相同的。清朝封建王朝建立後，深恐這種兵器在人民手裡，用以反抗暴力的統

治，所以嚴厲禁止流傳，在晚清刻本的《武備志》裡，完全刪去了。以上所說這些火藥武器，在當時都是世界上最先進的。

火藥不僅造成武器用於戰爭，另一種用途是作娛樂品焰火的原料。在《武林舊事》（公元 1163 至 1189 年）《夢粱錄》《事林廣記》等書上，都有關於當時（南宋、元朝）怎樣用焰火來歡慶節日的紀事。火藥也逐漸被人們熟悉掌握，用於開山、破土、採礦等，為和平建設、開闢勞動生產的新途徑做出貢獻，有益於人類。

在前面已經說過，十三世紀的阿拉伯書籍中就出現了「中國雪」等對硝的稱呼；硝是隨着我國和波斯、阿拉伯等國的商業貿易而西傳的。至於火藥和火藥武器，首先傳入阿拉伯，再輾轉傳入歐洲。十三世紀阿拉伯人的兵書中有「契丹火輪」「契丹火箭」等名稱，「契丹」就是中國，在西洋史中稱「公元 1354 年（當我國元朝順帝時 —— 作者注）德意志僧侶發明火藥」。就算是發明吧，距我們祖先孫思邈最早實驗火藥方子，晚了 700 多年，距我們祖先大量使用火藥造武器的時代，也晚了將近 400 年。所以在十二世紀時，我們早已有了「火炮」，而在歐洲的戰爭中，還是像堂·吉訶德那樣的騎士們，只能在馬上用盾牌、長矛、刀劍衝殺，人民無法用這些原始的武器，衝開貴族領主們所盤踞的堅固城堡。一直

到明洪武年間（公元 1368 至 1398 年），撒馬兒罕的元駙馬帖木兒建帝國，向外擴張，佔領了德里、波斯。在西域一帶，利用火炮稱雄一時。可能就在這時，西方人把我國新型的火藥武器帶了回去，才廣泛地傳播於歐洲。恩格斯曾說：「法國和歐洲其他各國是從西班牙的阿拉伯人那裡得知火藥的製造和使用的，而阿拉伯人則是從他們東面的各國人民那裡學來的，後者卻又是從最初的發明者——中國人那裡學到的。」[1] 他正確地指出歷史的事實。其後，西方人民才用東方的火藥武器，摧毀了貴族領主的城堡，推動了社會的前進。

　　火藥、造紙、印刷和指南針，是世界公認為我們的優秀祖先們奉獻給全人類的偉大創造，而為人類的文明史寫下了絢麗不朽的篇章。馬克思對這段歷史做了深刻的描繪：「火藥、指南針、印刷術——這是預告資產階級社會到來的三大發明。火藥把騎士階層炸得粉碎，指南針打開了世界市場，並建立了殖民地，而印刷術則變成新教的工具，總的來說變成科學復興的手段，變成對精神發展創造必要前提的最強大的槓桿。」[2]

---

[1]　《馬克思恩格斯全集》第 14 卷，人民出版社 1964 年 8 版，第 28 頁。

[2]　《馬克思恩格斯全集》第 47 卷，人民出版社 1979 年版，第 427 頁。

八·機械

　　我們的祖先，很早就陸續設計和製造了許多的耕作機械、紡織機械和交通機械，為自己和後代創造了更好的勞動條件，進一步發展了生產。這許多機械，有的利用人力和獸力，有的利用水力和風力，也有利用天然的燃料使它們幫助人們做工。大約在兩三千年以前，就有了基礎，很多種機械，到今天為止，還是我國廣大農村裡的主要生產工具。

農具和農業水利機械

　　許多現在農村裡應用着的生產工具，都是經過了勞動人民長期經驗的積累和不斷的改進，逐漸演變而形成的。在古代，一般都把這些功績記在神農、后稷 (jì)、黃帝等神話似的人物名下。但是，我們從這些工具名稱的變化，便可以看

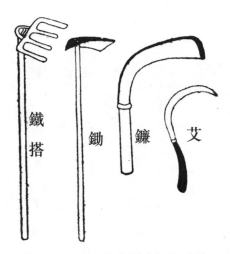

艾和鐮刀，鋤和鐵搭（據《農政全書》）

出它們不是一天所能創造的，也不是一個人所能創造的。比
如說，叫作艾、耨（nòu）、耒耜（lěi sì）、杵的這些農具，從
字的結構來看，一定都是手用的石器或木器；大概在新石器
時代，至遲在石、銅交替的時代（大約在 3000 年前），便早
已有了。到了銅器時代，這些工具，便逐步發展成為金屬製
的鐮刀、犁、鋤頭等現代型農具，這樣，就使生產力又提高
了一步。

　　比如說，古代刈（yì）草的鐮刀叫作艾，但是從字體上
看，一點兒也看不出它是金屬做的。到《周禮‧考工記》裡

才有「鐮」這個字，在《詩經》、《禹貢》和《爾雅》裡，也叫作「銍（zhì）」，這些工具的名稱，在字體上，就都有了金屬的意思。再如「耨」，是古代耘苗除草的農具。《呂氏春秋》説，耨寬6寸，有幾尺長的柄。《淮南子》説：「摩蜃而耨」，可見耨是大蚌的殼，經過磨製鋒利做成的。可能在早期，我們的祖先就是用蚌殼在地上刮除野草的；後來，也許為了蹲着身子勞動不方便，又容易乏累，才裝上木把。到了銅器時代，才有金屬製的鎛（bó）鉏（chú）、鋤等現代形式的助耘工具。

還有一種農具，起初叫作櫡（zhú）或魯斫，到了銅器時代便叫作钁（jué）或斫（zhuó）。它的形式和鋤相像，有大小寬狹的不同；不過，一般都是一厚塊可以用來尖劈的石片或鐵片，垂直裝置在長木把上，利用揮動時的動力，自上而下擊入土裡，再利用科學的槓桿原理，向外推動長柄，有效地撬出土來。像這種利用揮動的動力來劚（zhú）土的農具，是我們祖先的偉大創造。在世界各地，劚土的工具，通常都是利用靜力的鏟；一直到現在，除了開礦的礦工和築路工人以外，他們很少人曉得用钁。從機械工作的效能來講，钁比起鏟來，實在先進得多。但是，钁既然是一整塊鐵片，入土時和土壤的接觸面積大，所以土壤的阻力也大，不易深入，尤其在南方黏土地帶，更為不便。但是我們優秀的祖先，為了

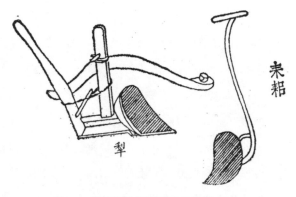

耒耜和犁（據《農政全書》）

要克服這種困難，便進一步發明了今天仍在南方通行的「鐵搭」。鐵搭普通是帶有四個齒或六個齒的钁，齒形扁長而銳利，因為跟土壤的接觸面小了，所以阻力也就減小了。這種農具在華北一般叫作釘耙，北京近郊叫作四齒。鐵搭在甚麼年代才發明的，已難查考，我們在徐光啟著的《農政全書》裡，可以看到和現用鐵搭完全相同的圖樣。

　　再如耒耜，是一種耕田翻土的工具，它在古代農業勞動中，有着非常重要的地位，一般傳說是神農創造的。《易經‧繫辭》：「斲木為耜，揉木為耒。」可見耒、耜全部都是木作的。耒指曲柄，長 6 尺 6 寸，耜指翻土的齒板，寬 5 寸。在耒的執手處有一條橫木，它的作用是便於推刺。到了銅器

時代，大概耜就不用木製。至於牛耕的開始，比較晚一些。
古代除了祭祀用牛以外，賓享、駕車、犒師也用牛，但一直
到孔子（公元前 551 至公元前 479 年）的時候，才有關於犁
牛的記載。犁是牛耕的工具。耕田用牛，又進一步提高了
農業的生產力。犁的構造，主要分為三部分：鐵製的「鑱」
（chán）、木製的「梢」和「槃」。犁梢是人握的把手，犁盤是
駕牛的曲桿，犁鑱是起土的鐵鏟。犁的形式，從漢以後，基
本上沒有甚麼變化。在漢武帝時代（公元前 140 至公元前 87
年），有一位農業生產部門的官吏趙過，把犁改良成三腳犁，
牛拉着犁，又耬（lóu）地，又下種，不但節省了人力，同時
使生產增加了好幾倍。有人管這種犁叫三腳耬之外，也有叫
耬犁或耬車的。在現今河北、山東一帶，都還有使用的。

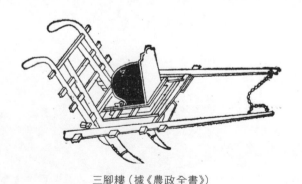

三腳耬（據《農政全書》）

　　在陝西關中一帶，也有使用四腳耬的，但要多用一頭牛，耕種卻非常方便。到公元 994 年（宋淳化五年），現在的安徽潁（yǐng）州和河南的東部淮河流域，獸疫流行，死掉許多耕牛，便有人為了補足勞動力的缺乏，將犂改成了踏犂，後面用人踏着，前面用人力就能拉動。此後到公元 1005 年（北宋景德二年）才推廣到河北各地。犂是用來深耕的，到公元 500 年左右（六朝時期），我們的祖先已經肯定了只有把土耙細，才能得到更多的收穫。那時做細耙工作的農具，叫作鐵齒，就是現在的人字耙。到後來，也有用方耙的。在耙田

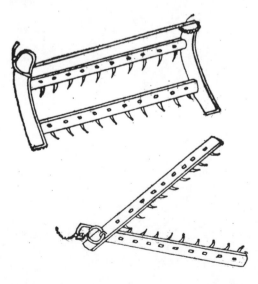

方耙和人字耙
（據《農政全書》）

的時候，牛在前拉，人就站在耙上，利用體重使耙齒深入土裡。六朝時我們的祖先也知道了秋季雨后土地會變硬，所以在華北各地，都用條木編成的「勞」來摩田，使土地鬆動。

這種農具有時也叫作摩，在北京叫作蓋。到隋唐之間，我們的祖先已經懂得播種以後，必需要把土略微壓緊，否則，土松不易生根。為了大規模做壓土工作，我們的祖先發明了以滾壓的科學理論為基礎的碌碡 (liù zhou)，也叫作碾碡。這種農具在華北各地，還在普遍地運用着。在北京，凡是用一個石磙的叫「壓子磙」，用兩個石磙的叫「碰子」。

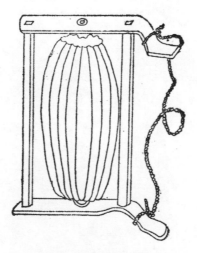

碌碡（據《農政全書》）

　　杵臼是利用表皮摩擦，淨皮去殼的農具。在古代，杵是一根木桿，臼是地下掘的坑。以後逐漸改進，臼用石製，可以移動。大約在 3000 年前，杵臼便改良成碓 (duì)，碓仍舊是引用着杵臼的原理，不過把杵改成石作的，架了起來，利用槓桿原理，用人力踏動罷了。可是，這樣一來、工作效率便提高了很多。後來到公元前後，又利用水力、槓桿和凸輪的原理，做成了水碓，節省更多的人力。到公元 270 年左右，杜預 (公元 222 至 284 年) 發明了連機碓。杜預的天才創造，有着非常意義的科學基礎。它利用水力，激動水輪，輪軸上裝着一排滾角不動的短橫木，好似一排角相不同的凸輪，當輪軸轉動時，橫木一個接一個地打動一排碓梢，使碓舂米。這樣的裝置，可以平均地利用水力，減少消耗，增加了效率。

　　大約在春秋時代，也就是公元前 530 年前後，魯班發明了磨，有磨臍、磨眼、磨盤，用漏斗盛着糧食朝磨眼裡漏。這種磨和我們現在用的磨相似，魯班叫它碾 (zhǎn)，現在江浙一帶叫作礱 (lóng)，也叫作礱磨。

　　古時的礱是編竹做成外圍，裡面盛着泥土，礱面用竹木密排的齒，破穀不致損米。用來轉動礱的是一根拐木，貫穿在礱的橫木上，並且用繩掛在梁上，用人力前後推動。這樣前後的運動便變成了磨的迴旋運動。這種運動轉換的辦法，

連機碓（據《農政全書》）

礱磨（據《農政全書》）

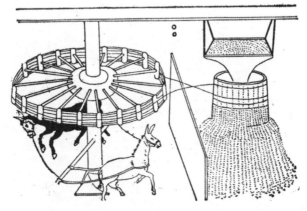

畜力繩磨（據《農政全書》）

和現在火車頭上活塞前後運動，推動曲棍運動車輪的原理，完全相同。礱磨也有用獸力牽動的，後來，更有用水力激動水輪來帶動的（這大概是公元三世紀發明的）至遲到公元 1300 年左右，我們確定地發現了繩輪的機械原理，據那時王禎著的《農書》上說：「復有畜力行大輪軸，以皮或大繩繞輪兩周，復交於礱之上級。輪轉則繩轉，繩轉一周則礱轉十五周，比用人工，既速且省。」這實在是偉大的機械創造。

用石頭作磨，因為重，可以把麥壓碎，磨成粉。《說文》裡已有「麵」字（編者註：《說文解字》作「麪」），所以大概在 2000 年前，我們的祖先已懂得麵食。不過，製造石磨先要有

鐵器,所以麵食的普及,大概在秦漢年間。自從有了磨以後,我們食品的種類便更加豐富了。

前面提起的發明連機碓的杜預,還發明了用獸力拉的連轉磨。這種磨的主要部分是中間的一個巨輪,用獸力拉動,輪軸直立在鐏(zūn)臼裡,上端有木架管制,不使傾倒。在輪的周圍,排列着八個磨,輪輻和磨邊都用木齒相間,構成一套齒輪系。當牛牽動輪軸,八個磨就同時都轉,可以節省許多勞力。以後又經過長期的改進,大約到公元 600 年左右,我國又有了更複雜的水力連磨。這樣的連磨,有時在急流大水的地點,可以用一個大水輪,最多能帶動九個磨。這種水磨,在過去華北水流湍急的地區,如北京西郊一帶,都

水轉連磨(據《農政全書》)

是民間磨麵的主要工具；在江西等地，也有利用同樣的水磨，作磨茶、搗茶的工作。近年在江西星子縣和四川的九寨溝，都還能見到這種水磨。

磨發明的同時也發明了碾。二十世紀五十年代，碾在全國各地還普遍地利用着。碾這名稱，也有叫作「輥 (gǔn) 輾」，四五世紀間，崔亮參照杜預的連磨辦法，利用水力造成了水碾，這種水碾，直到現在，在雲南、貴州、湖南、四川等地還可以看到。

在書籍中最早提到揚穀器扇車 (江浙一帶叫風車) 的，是王禎的《農書》。它的構造已經利用了風扇、曲柄和活門等機械原件。在《天工開物》裡，還有一幅「風扇車」(當時也叫風車) 的圖樣，和我們現在農村裡所常見的扇車並無不同。

據西漢史游《急救篇》所說，大約在 2000 年前，我們的祖先已經發明使用這種扇車了，而歐洲大約到十二世紀才會使用類似的工具，比我們晚了 1400 年。

我國在灌溉方面的機械，也有許多卓越的成就。最早的大概是「戽 (hù) 斗」，傳說是公劉發明的，那離現在要有 3500 多年了。戽斗符合現代力學上所說的合力與分力的原理。它的用法：有一個柳條編的或木製的斗，在兩邊各連兩

風扇車（據《天工開物》）

條繩子，由兩人對立拉着繩子，同時同方向地揮動，就能把
水從低處用斗送到高頭田地裡去，在華北一帶是很通行的。
過去在山西解州的鹽池，鹽工們也用戽斗製鹽。此外，在公
元前 1700 年左右，還出現了桔槔（jié gāo），傳說是伊尹發明
的。桔槔是利用槓桿原理的取水工具。在井邊的大樹上或立

墜石

桔槔（據《天工開物》）

個架子，橫臥一竿，竿的一頭吊一根長竿，可以鈎住水桶下
垂井中，橫竿的另一頭縛一塊石頭以平衡重量。這種桔槔，
曾在我國各地農村長期普遍使用。在西方，埃及最早發明，
大約在公元前 1550 年前後，比我國古籍裡的記載，晚了約兩
個世紀。桔槔的缺點是只宜汲取淺水，如果從深井取水，就
要用轆轤（lù lu），轆轤不知是甚麼時候發明的，但在王禎的

《農書》上有詳細的説明：一根很粗的橫軸，軸上纏着掛水斗的井繩，軸的一頭裝着曲柄，人轉動曲柄，井繩便可帶着水斗上下汲水。轆轤也是我國農村曾長期普遍使用着的。我們下放勞動也都體驗過，搖轆轤還得掌握一定的技巧，並不是放下井繩就能提上水來的。

水車或翻車（據《農政全書》）

　　在我國南方如江蘇、浙江、湖南和四川各省，廣泛使用
的水車，是在公元 230 至 240 年馬鈞發明的。在馬鈞之前，
漢靈帝時（公元 168 至 189 年），曾經有畢嵐做過引水的翻
車，不過翻車是否就是現在的水車，我們無從查考。水車也
叫龍骨或翻車，應用齒輪和鏈唧筒的原理，使它汲水。車身
是狹長的板槽，中間安裝着像鍊子一樣連接的，一塊塊直立
的木板（龍骨板），連成一個圈套着大軸的齒輪。龍骨板的寬
窄恰好和槽身配合，只要把板槽的一頭放進水裡，同時使輪
軸轉動，就能把水從板槽裡車上來。為了使大軸轉動容易，
通常都在大軸的兩端裝上四根拐木，放在岸上的木架下，人
靠着架子踏動拐木，龍骨板便能循環不息地車水上岸了。到
元朝的時候（公元 1300 年），水車又經過不斷地改良，有了
牛轉翻車、水轉翻車。到明朝末年，又有了風轉翻車。這些
水車都能夠進一步利用機械代替人力。在江浙平原曾普遍使
用牛轉翻車；在湖南、四川、貴州、甘肅等地河流湍急的
地方，都用水轉翻車。塘沽和大沽口海濱居民則沿用風轉翻
車，提取海水曬鹽。

　　還有一種「筒車」。在唐、宋的文學著作中有一些寫「水
輪」的詩、賦，描寫這種水輪的灌溉功能，可引水到高遠的
地方。從詩文的內容看，雖不知其形狀，但可推斷不是上述

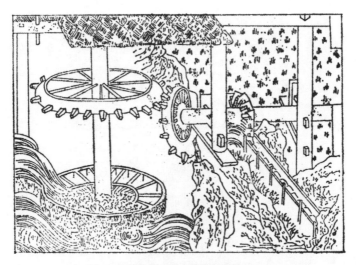

水轉翻車（據《農政全書》）

的水車。王禎的《農書》卷十八中指出這是筒車，並繪有圖樣。筒車的構造原理和水車相同，但是，筒車的大輪高出陸地，在水中還有一輪；不用龍骨板而用拴着竹筒或木筒的木圈繞着兩輪；不用人力而用水力，水力激動轉輪，木圈帶動竹筒迴環兜水，可以日夜不息。這和詩賦所描繪的相符。唐、宋時因輪軸的進步，對水車加以改造而創出筒車，當時可能已普遍使用，成為灌溉的重要工具，由於它有很高的功效，引起人們的讚譽。據史書記載，公元 1075 年（北宋熙寧

筒車（據《農書》）

八年）大旱，運河乾涸不能通船，地方官調用裝有 42 個管筒
的筒車，抽梁溪的水灌運河，車水五晝夜，河水流通，船隻
往來。可見這種筒車的功率之大，絕非人力踏轉的水車可比。

　　但是這些水車都只能用於河邊或海邊，並且必須斜放
着，對於不靠水的旱地，就沒有用處了。在明末，河南一帶

曾經打了許多井,用井水灌田。為了適應垂直取水的要求,
我們的祖先又發明了龍骨水斗。用一連串的水斗,套在一個
大輪子上,輪軸上裝着一個立齒輪,這個立齒輪和上部一個
臥齒輪互相銜接,用牛馬拖動那個臥齒輪,轉動立齒輪,水
斗就不斷地從井裡把水提上來了。二十世紀五十年代在蘭
州,我們還見到過設在黃河邊的大型立式水車。

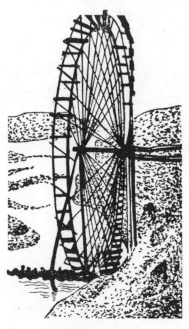

甘肅蘭州的水車

　　為了農田灌溉和農產品加工，我們的祖先們無比聰穎地
創造出各種有關機械，而且因地制宜地結合實際條件，既節
省勞力又便於使用。這些農具和農業機械的發明，有力地說
明我們優秀的祖先們，一兩千年前，就明確理解了許多科學
「原理」，並且掌握使用，這些業績在人類歷史上是完全處於
領先地位的。

紡織機械

　　我國是世界上生產絲織品最早的國家，早在公元前
2000 年時，傳說已有繅（sāo）車和機杼。原來，我們祖先
的衣服主要用獸皮，有了絲織品就多了一種製衣的材料。我
們在《詩經》和其古典著作上，可以找到很多關於蠶桑繅織
的記錄。《淮南子》曾說古代祖先開始時用手指經絓（guà）
絲縷，織成原始的絲帛，工作效率很差，一直到後來發明
了簡單的織機，才使大量生產成為可能。《詩經·小雅·大
東》中有杼柚這名稱，可見幽王時代（公元前 781 至公元前
771 年）的織機已不簡單。

　　這種織機經過不斷的改進，到漢昭帝時（公元前 86 至
公元前 74 年），才由一位優秀的女紡織工程師，陳寶光的妻

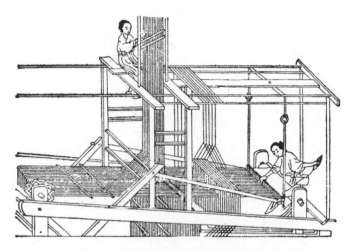

提花機，即後來的織機（據《農政全書》）

子（今河北省巨鹿縣人），天才地創造了一部提花機。她用
120 個腳踏的躡（niè），管理織機，60 天便可以織成一匹花
綾，這種花綾是當時很珍貴的東西。提花機在後來又逐步簡
化，減少腳踏的躡，到三國時，馬鈞改成 12 躡；到南北朝
時，一般只有兩躡了。這種改良提花機，一方面使織品更精
緻，一方面更簡單合用，所以很快就普及各地。此後的紡織
機都是從這種提花機發展出來的。我國的絲織技術，有長期
的經驗，並不斷提高，織工又有熟練的手藝，因而在世界上
贏得很高的評價。我國的絲織品不但能自給自足，而且是土

木棉軒床及木棉線架（據《農政全書》）

耳其、波斯和歐洲人所最喜好的商品。在公元 1300 年左右，
我國的絲織工業，是世界上最發達的。絲織品的貿易，開發
了亞歐的大陸交通，歐洲人至今還叫這條陸路交通線作「絲
路」。絲，在歐洲人的心目中，代表着光輝燦爛的東方文明。
到今天，在歐洲的語言裡，「絲」和「茶」的發音，都是跟着
我們叫的。

　　木棉是熱帶的產物，大概在漢以後才開始從越南傳入我
國。到宋元之間（公元 1000 至 1300 年），這種草本的木棉逐
漸普及到江浙一帶，從此在我國的農業生產上，便佔了很重
要的地位。為了把棉花做成布，在公元 1300 年時，我們的祖

先根據絲織的經驗，已經創造了一整套的棉紡機械：有軋去棉子的木棉攪車，有把棉花做成棉瓣（pi）子——繜（suì）的紡車、緯車、經車和經架，有把子（先用稀糊漿過晾乾）做成棉紅（rèn）的撥車，有把四股子合成一股線的線架。這樣一整套的機械，加上原有的織機，順利地解決了農村裡的棉布紡織問題，也促進了棉布的推廣。

麻和葛原是野生植物，周代初年大概已經在南方種植。麻、葛織品在古代是很重要的衣履材料。治葛、治麻，由於它們的性質不同，另有一套特製的機械工具，比如麻的紡車，就比木棉紡車大，這種紡車和麻布織機，在江西、湖南鄉間，都曾長期普遍地使用着。

此外，秦漢以來，我國就有褐氈，所以毛紡織物也是很早就有的。紡毛線用砇或墜子，在考古文物中已發現這些東西，安陽發掘的殷商遺物中就有砇子，也許是績麻線用的。

交通工具

有許多古書，説到我們的祖先「見飛蓬轉而知為車」（《淮南子》等）。「飛蓬」是一種草，莖高尺餘，枝葉大而根淺，風吹拔根，在地上隨風旋轉，因而給人啟發，製造車子。英

國人尼特姆考證的結論説：約在 4500 年到 3500 年前這一段
長時期中，中國發明了可能是世界上的第一輛車子。夏代的
陶器已有車輪的花紋，《左傳》説，車是夏代初年的奚仲發明
的；從殷代遺物裡，我們也發現了殉葬的車。根據甲骨文字，
「車」字是這樣刻的：

甲骨文中的「車」字

　　殷代是盤庚遷都以後的朝代名稱，也就是指公元前
1400 多年到公元前 1100 多年這一段時間。從文字的形狀可
以看出，當時的車子已經有了車廂、車轅和兩個輪子，是構
造相當完備的交通運輸工具了。有了車轅，表示已利用畜力
拖拉。到周朝時，車子的種類已有不少，有老百姓用的輿和
輦，輿是用牛拉的，輦是用人推的；有專門用來作戰的各種
戎車；更有當時王侯將相們用的路車。從《詩經》的描寫裡，
我們知道路車是做得非常講究的 —— 車身塗着顏色，插着美
麗的旗子，有文竹編的車廂，還裝備有魚皮做的箭袋，駕着
高頭大馬，配着精緻的彎繮和鈴鑣。這些車子，不論是路車

還是輿，都是我國古代勞動人民的優秀創造。在那個時期，我們的祖先已經懂得用金屬軸承來減少摩擦，以增強車軸和車輪的使用時間。當時的金屬軸承叫「釭（gāng）」，每一轂（gǔ）口的兩頭都鑲有釭。在早期是銅做的，到後來便改用鐵製。

　　近來在陝西臨潼縣發掘到的秦代銅車馬，製造精美，飾紋刻畫、門窗雕鏤十分纖巧，扇扉開合玲瓏剔透，駟馬佇立很是傳神；它不僅是當時車的真實模型，而且是一件稀世的無比精妙的銅製藝術品。

　　早期的車子，因為要求平穩不易傾倒，都是雙輪的。獨輪車的發明，晚了 1000 多年。在公元 230 年間，也就是三

秦代銅車馬

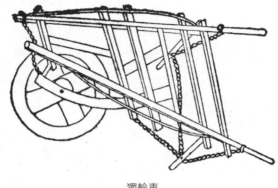

獨輪車

國時代，據說諸葛亮在山地行軍，無法用普通的車子載運糧食，所以發明了「木牛流馬」。我們聽見這個名字，容易誤會它是人工做成的牛馬，能夠自動行走。其實「木牛」是一種有前轅的小車，「流馬」是一種獨輪的手推車。可能就是四川鄉下，尤其是成都一帶普遍應用的「雞公車」，川東各地也叫作「江州車子」；蜀漢時，川東有個江州縣，大概當時諸葛亮曾在江州設計或製造了這種車子。

　　和發明車子相近的年代，據說我們的祖先「觀落葉浮，因以為舟」(《世本》)，又說「見窾 (kuǎn，空) 木浮而知為舟」(《淮南子》)。後來經過不斷的創造和改良 (傳說有黃帝、虞、化狐、番禺、伯益、工捶等人)，加上了篙、槳、舵、篷、

帆等，逐漸使它完備。《詩經》上還說：「造舟為梁」，這更見
到遠在 3000 年前，我們的祖先已經知道用舟搭成浮橋了。
船的應用，在公元前 700 年到公元前 500 年間（春秋時代），
有着很大的發展。從現在的陝西渭水東下，入黃河，再折向
北，到山西絳州的汾水，這條六七百里長的水路，在當時是
船隻往來，運輸很忙的。而且當時諸侯封國之間常有戰爭，
往往出動「水師」配合作戰。春秋末年，有一次吳國和齊國
打仗，吳國就用海軍，是從現在的江蘇下海，打到山東去的。
這樣，就不僅有可以航海的堅固船隻，而且需要比較高明的
航海技術。我國古代的造船事業，所以有這樣偉大的成就，
有一件事情是值得注意的，那就是我們的祖先很早就知道了
用釘子和桐油。釘子在早期是竹木的，後來才是金屬的。釘
子和桐油原是簡單的東西，但在西洋，到公元 400 至 500 年
（西羅馬帝國後期）造船的時候，還只知道用皮條，不知道用
釘子。桐油是我國的特產，一直用來保護船木，到近代，還
是我國出口的主要工業原料之一。

　　史書記載，公元前 150 年左右，漢武帝在昆明池練海
軍，已經造成了能容千人的大戰船。晉朝王浚造戰艦大船連
舫，方 120 步，可以乘 2000 多人，還有樓，船面上可以跑
馬。隋朝楊素造了可以容 800 人的五層大戰艦。以後經過

1974 年泉州後渚港挖掘宋代海船現場

唐、宋、元歷代的發展，以及商業交通運輸上的應用，航行
在中國海上的船隻，最大的已能載重到 30 萬斤以上了。在
南北朝隋唐之間，從中國海岸一直到波斯灣，來往進行和平
貿易的，大半都是中國的大海舶。這些海舶上的裝備都很完
善，不但有自衛的武裝，有帆和錨，還有救生小艇；船上海
員們也都有很好的組織和組織規章。到宋朝以後，中國的海
舶憑着指南針的發明和應用，多帆多檣和隔離艙等的技術，
更進一步成為中國南海上的主人。

　　宋代是我國造船事業高度發展的時期，造出許多新型船
隻和遠洋巨型海船，不只官方造船，民間也由於用途、形狀、
設備的不同，造出千百新型船隻，充分顯示了我國古代勞動

人民的才智。1974 年在福建泉州灣發掘出一艘宋代海船，尖底、船身扁闊、頭尖尾方、龍骨兩段接成，是一艘多桅遠洋航船，船身有三重木板，13 個隔艙，載重量相當大。復原後的古船長約 35 米、寬約 10 米、排水量約 370 餘噸（現展出於泉州海外交通史博物館）。伴隨古船出土的文物很豐富，有唐宋銅鐵錢、貴重藥物、宋代陶瓷器、水果核等。古船和這些文物，具體說明了宋代造船事業的成就及海外交通貿易之盛，也證明了福建是當時造船的工業中心之一（該古船屬宋以後沿江、沿海四大船型之一的「福船」的前身）。

到公元 1405 年以後，明朝的鄭和七次出使西洋，經過南洋群島，直到非洲的東海岸，比哥倫布發現美洲的時代，差不多要早一個世紀。鄭和所率領的艦隊，有一次是由 62 艘大海舶編成的，其中大船有長 44 丈、闊 18 丈的，共載 27800 餘人，包括海軍官兵、伙夫、翻譯人員、算學家、醫生和工程師等，而且這 62 艘船，各有名字和編號。這可以說是我國歷史上所記載的最大的船和最有組織的光榮艦隊。

輪船，在我國歷史上也有很早的記載。在唐太宗時（公元 627 至 649 年），曹王設計的戰艦，兩旁有人力踏動的兩個輪子，可以激水疾進。《宋史・岳飛傳》和宋吳自牧著的《夢粱錄》裡，也都有用輪激水行舟的記載。韓世忠在長江下游，

曾用腳踏水輪駕駛的船，擊退了金兵。這種樣式的船，一直
到清朝末年，在廣東西江還有遺留的。

　　西洋在蒸汽機發明以後，工業開始發展，而我國人民因
在封建統治和帝國主義的雙重壓迫下，不能繼續發揮智慧，
以至逐漸落後於西洋先進的工業國。但是，我們有着悠久的
歷史傳統，在人民已經自己掌握了政權的條件下，長期受抑
制的智慧，必能得到解放而發揚光大。這些年來，我國在造
船事業上所創造的成績，有力地證明了這點。

燃料和其他機械

　　我國在 4000 年前，便懂得用炭，據《物原》《通鑒》相傳
是祝融發明的。《漢書・地理志》說：「豫章郡出石，可燃為
薪。」豫章郡就是現在江西南昌附近，這是中國發現煤的第
一次記錄，時間大約是在公元前 200 年。《水經注》裡也有
一段關於煤井的記載：「鄴縣冰井台井深十五丈，藏冰及石
墨，石墨可書，又燃之難盡，又謂之石炭。」鄴縣是現在河
北的臨漳一帶，今天仍是產煤的地區。不過，當時對煤的採
掘並不普遍，到宋以後才普遍起來。宋代陸游的《老學庵筆
記》說：「北方多石炭。」元明以後，煤的應用更廣。《馬可・

波羅遊記》曾有這樣記載：「中國的燃料，不是木，也不是草，卻是一種黑石頭。」從這話裡可以發現兩件事實，一方面說明煤的應用在當時中國已很普遍；另一方面說明在十四世紀以前，歐洲還不曉得用煤。在發現煤的同時期，在現在陝北延長（漢代叫高奴縣）和甘肅酒泉一帶，也發現了可燃的「石油」，那時我們叫它石漆。在漢朝以後，四川為了開發鹽井，也不時發現石油。「天然煤氣」的發現比石油更早。《華陽國志》說，當秦始皇時（公元前220年左右），敘府一帶（四川）發現火井，在漢朝初年，火焰很旺，到漢末桓帝靈帝時（公元160年左右）一度微弱；到蜀漢時又復旺盛。當時不知道怎樣用它才可以避免爆炸。以後在明末的《天工開物》一書裡有用竹管接出煮鹽的說法。所以我國至遲在公元1600年以前，一定已經克服天然氣爆炸的困難，而能夠利用

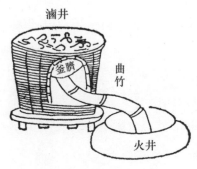

滷井

釜臍

曲竹

火井

四川火井煮鹽（據《天工開物》）

它作為燃料了。這比英國人到公元 1668 年才利用煤氣點燃
的事實，至少早了約一個世紀。

　　我們的祖先在機械方面有很多優秀的創造。除了上面
所說的以外，還有很多流傳到後代，長久地為千萬人民服
務。例如在漢光武時（公元 25 至 57 年），杜詩設計了冶鑄
時用來吹炭的水排。水排的原理是用水激動水輪，再利用曲
棍，把水輪的圓周運動轉化成風箱的往復運動；那時的風箱
非常簡單，只是一個單純的箱子，在箱底裡挖個窟窿，箱蓋
的開閉便是吹風的動作。水排在後來又經過改進，而主要
的進步是風箱。後來，在我國農村和城市作坊裡普遍應用
的風箱，不知道是甚麼年代發明的。但是在明末的《天工開
物》裡有着很明白的說明，這證明了在當時（公元 1600 年
左右）的風箱，已經是非常重要的冶金鼓風工具了。跟風箱
有同樣作用的工具，便是蒙古、甘肅、新疆一帶普遍使用的
「鞴」（bèi），這是古代遊牧的兄弟民族的創造。又如抽水的
唧筒，在我國大約是公元 1060 年以前發明的。在《東坡志
林》裡，有關於四川鹽井利用唧筒抽水的記載。其他如在公
元前後，長安的勞動者丁緩發明「七輪風扇」，公元 400 年
左右，有人發明「記里鼓車」，這些都是我們祖先特殊的勞
動創造。

風箱（據《天工開物》）

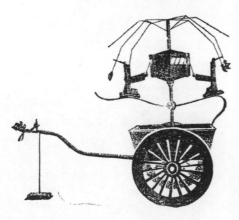

記里鼓車的模型（據王
振鐸研究復原）

　　我國勞動人民在歷史上的機械創造，是說不盡，寫不完的。許多寶貴的創造記錄，由於封建統治階級對於科學的輕視，都已失傳了。也有很多天才的創造，如指南車、記里鼓車、渾天儀等，曾幾度失傳，又幾度重新發明製作。祖先們這樣堅韌不拔地為科學工作忘我奮進的精神，我們是要學習而繼承的。

九‧建築

　　建築是表現文化傳統最明顯、最具體的一個方面。世界
各國的古文化,除了印度和中國以外,都已成了歷史陳跡。
我們祖國 5000 餘年悠久的文化,連綿不絕,根基深厚;像建
築,就能夠在世界上獨特地自成一個完整的體系。

　　世界上沒有一個國家,有像我國萬里長城這樣雄偉的建
築;也沒有一個國家,有像我國這樣豐富的,到處保存着精
巧的、和諧的、經歷了幾百年歲月的古建築。世界上更沒有
一個國家,有我們這麼多的建築形式,比如:瑰麗的牌坊、
崇高的佛塔、恬靜的院落、奇巧的橋梁和宏闊的殿堂等等。
當人們看到這些分佈在城市和鄉村裡的古蹟,無不感到倍為
親切而受到激勵、啟迪和鼓舞。這是我國的無數科學工作者
和勞動人民,經過了長期的努力,推陳出新,兼容並蓄,在
實踐中創造出來的成果。

　　由於氣候水土的不同，在古代，我國的建築就分為南、
北兩個系統。華北地區，土厚水深，地質堅凝，所以古代建
築，先從穴居逐步地演進為土石、磚石建築體系。長江流域
地勢卑濕，原始居民多棲息在樹上，以後再由這種巢居的情
況，演進為樓榭等木架結構體系。現在所遺留的古建築，前
一類的代表有城牆、石橋、磚塔、無梁殿等；後一類的代表
有宮室、廟宇、道觀等。由於南方潮濕、白螞蟻為害，古代
木結構建築保留下來的不是很多。

　　西洋古代的建築材料多是磚石，像我國這樣廣泛利用的
木架結構建築，在世界上是絕無僅有的。所以，可以說木架
結構建築，是我們祖先的獨特創造。

　　大致說來，木架結構是先在地上打好基礎，安上礎石，
在礎石上立木柱，再搭成梁架。安置梁架是這種建築的主要
工程，和西洋建築的開土立基一樣，有着同樣重要的意義。
過去「上梁」都要選擇「吉日」，還有隆重的儀式。梁架與梁
架之間以枋連接，上面架檁 (lǐn)，檁上安椽 (chuán)，做成
一個骨架，以承托房屋上部的重量 —— 屋頂和瓦檐。牆壁只
作間隔的用途。柱與柱之間則依實際需要開置門窗。這樣，
可以使門窗絕對自由，大小有無，靈活運用。因此，同樣的
骨架，可以使它四面開敞做成涼亭，相反，也可以砌成四壁

封閉的倉庫。尋常房屋的廳堂、門窗、牆壁、內部間隔，都可以按照不同的要求變化設計。這樣，和現代的鋼架或鋼筋混凝土建築，原則上有相同的地方。我國的這種建築，解決了西洋磚石結構建築認為非常困難的開窗開門的問題。這種結構的基本原則，至遲在公元前 1500 至公元前 1400 年，大概就形成了。《詩經》《易經》等古書裡所描寫的古代房屋，就是這種建築的原始形態。從安陽發掘出的殷墟故宮遺址，有着柱礎的跡象，從那種柱礎的佈置上看，我們可以斷定上文記述的可靠性。這種木架結構法，3000 多年來不斷地發展着。一直到今天，凡是和我國有密切關係的各民族地區，也都存在着這種結構的建築。

人民傳頌的古代建築師，是公元前七或六世紀的魯班，由於他對建築房屋、橋梁和製造車輿的造詣，以及對日用器皿和木工工具的創造，被推崇為巧匠，稱作木工的鼻祖。解放前北京有一條專賣木器的街，舊名「魯班館」，現在上海還有一條「魯班路」。可見他的創造和發明，無疑是深刻地影響着祖國的木架結構建築科學，而和人民生活密切相關的。

在木構建築裡為了解決橫梁和立柱銜接處，橫梁所受的集中的剪力問題，我們優秀的祖先，發明了「斗拱」──從柱頂加上一層層的弓形短木，是「拱」；在兩層拱之間墊着的

漢畫像石（拓片）中的建築

斗形方木是「斗」，合稱斗拱。它成為立柱與橫梁間的過渡部
分，將建築物上部的重量，平均分配在承托的構架上。在發
展的過程中，這種斗拱的結構變化最大，做法最巧。起初很
簡單，不過是方形木塊和前後左右挑出的臂形橫木所組成；
以後，它不但為使梁和柱的力維持得長久，而且可以把屋簷
挑出更長以保護牆壁。但是，簷長了會影響室內光線，便又
出現了四角上翹的飛簷等。至遲在公元前六世紀中，斗拱已
成為宮殿等大型建築物不可缺少的部分了。《孟子》「榱 (cuī)
題數尺」就是指斗拱挑出屋簷的事實。漢朝石闕和崖墓石刻

的木構部分，都指出了斗拱的存在及其重要性。唐以前，斗拱可能已有標準化的比例尺度。這些規格，在宋朝的偉大建築師李誡（明仲）所著的《營造法式》（公元 1102 年）中有着詳細的說明。

雖然木架結構建築物不易維持久遠，但是，在國內各地，原來保存到 500 年以上的還是很多，700 年以上的也有三四十處（經過「文化大革命」的浩劫，不知這些古建築的命運如何了）。至於 1000 年左右的，除敦煌石窟的窟檐以外，經建築史學家們調查研究過的，有五台縣的唐朝佛光寺大殿和薊縣獨樂寺的山門和觀音閣。這幾處珍貴的建築，是世界保存完整的最古老的木架結構殿堂，可以說是世界上獨一無二的寶物了。

佛光寺大殿，在山西省五台縣寶村鎮，是公元 857 年（唐末大中年間）重建的。大殿是單層東西向，面寬七間，進深四間，柱上的斗拱很大，表現着結構的功能，外面屋檐極深遠，內部梁架做法很特殊。這座大殿雄偉地屹立在靠山坡築成的高台上，充分發揮了中國建築的特長，1100 多年來，完整無損。同時，這座建築物還保留了唐代各種藝術的精華，確是稀世之寶，值得倍加愛護。其實在五台縣城西南還有一座南禪寺大殿，據大殿平梁下墨書題記，重建於

獨樂寺觀音閣斗拱

佛光寺大殿斗拱

南禪寺大殿

公元 782 年（唐建中三年），因地處偏僻，未遭「會昌滅法」
的損毀。大殿面寬進深各三間，梁架結構簡練，氣宇古樸，
是典型的唐建築風格。日本奈良的唐招提寺，是鑒真和尚
東渡後所建，其單檐歇山式屋頂、屋脊兩端的鴟（chī）尾甍
（méng）、殿前寬敞的月台、承托屋檐的雄健斗拱，等等，
都是和南禪寺大殿相同的，只是面寬五間。在揚州大明寺，
1963 年由已故著名建築學家梁思成參與設計所建的鑒真紀
念堂，其風格式樣即依南禪寺大殿、唐招提寺仿造。

　　公元十世紀以後，木構佛殿實例漸多，現存重要的應是
天津薊縣獨樂寺的山門和觀音閣，它們始建於唐代，現為公

元 984 年（遼統和二年）重建，是研究我國古代木構建築的代表作。山門屋頂為五脊四坡形，出檐深遠曲緩，檐如飛翼。觀音閣是一座龐然的三層大閣（中間一層是暗層），通高 23 米。梁柱接榫部分，運用功能不同的斗拱 24 種，建築手法高超。閣內塑有觀音立像，因頭頂十個小佛頭，便稱為十一面觀音，高 16 米，是我國最大的泥塑之一。閣是圍繞着塑像建造的，中間留出了「井」，平坐層達到塑像的膝部，上層齊胸；頭上的花冠已近閣頂的八角藻井了。觀音閣結構複雜，斗拱精巧，飛檐峻逸，莊嚴凝重，而且經歷多次地震，至今巍然無損。我們可以想像到當年建築工程的高超水平了。

在河北正定縣興隆寺裡的摩尼殿，建於公元 1052 年（北宋皇祐四年），面寬進深各七間，平面呈十字形，在方形建築的四向中心，各加一個突出的抱廈，建築形體豐富變化，外觀實為美輪美奐。殿內梁架結構都和《營造法式》相符。這種佈局的宋代建築，是現存僅有的一例了。

其他如山西大同的華岩寺，有一座藏經殿，殿內三面是藏經的木櫃，上面刻着小型的屋檐結構，設計奇特，它是十一世紀的實物。在大同城裡還有一座十二世紀的大殿 —— 善化寺正殿，雄偉壯觀。山東曲阜的孔廟，是屬於廟宇（佛寺）同一類型的建築群，其間有不少是十二世紀所修建的。

此外，山西洪洞縣的廣勝寺（十四世紀）和北京的智化寺（十五世紀）也都是我們祖先的卓越創造。

現在我們要特別提到山西應縣的佛宮寺木塔，是我國木結構建築的又一成功例證。它的正名是釋迦塔，建於公元1056 年（遼清寧二年）。塔平面八角形，外觀 5 層，夾有 4 級暗層，實為 9 層，總高 67.13 米，底層直徑 30 米。塔建在4 米高的兩層石砌台基上，內外兩槽立柱，構成雙層套筒式結構，柱頭和柱腳有枋、栿（fú）等構件相連接，使雙層套筒緊密結合。為了解決複雜而多層的問題，應用了不同組合的50 多種斗拱，建築設計非常嚴謹。本來在唐朝以前的佛塔多是木構的，平面四方形，主體是我國原有的多層樓，頂上安放着印度式的窣堵坡。但是因為香火旺盛，往往失火延燒，所以後來建塔多用磚石。到現在應縣佛宮寺木塔不僅是國內唯一遺存的木塔，也是世界上現存最古老最高大的木結構塔式建築。塔建成後 200 多年到元順帝時（公元 1333 至1367 年），曾經歷大地震七日，安然屹立。在應縣城外十幾裡，就能遙遙望見城中木塔巍峨的風采。在木塔上有一塊明朝的匾，題作「鬼斧神工」，用這個詞語來讚譽木塔的建築技巧和藝術表現，讚譽工程師的精湛設計和勞動人民的創造力，是絲毫不算誇張的。

佛宮寺木塔

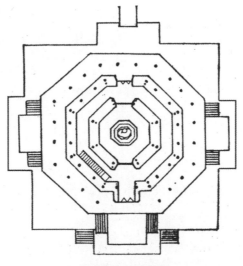

佛宮寺木塔平面圖

　　在祖國歷史上，除魯班之外，十世紀末葉的喻皓，也是
一位有成就的建築師，他擅長於木構建築，因設計建造木塔
和多層建築而成名。他總結自己的經驗，著《木經》一書，
可惜宋代以後失傳。喻皓曾設計河南開封開寶寺木塔，他科
學地先做模型，然後施工。他使塔身略微向西北傾側，抵抗
當地的主要風向；他說，在 100 年內就可以被風吹正。還說，
在 700 年內，這塔不會坍倒。可惜，開封屢次水災，把古代
建築沖毀很多，這座木塔，現在也沒有痕跡了。

　　我國不僅在木構建築方面，有着登峰造極的成就，就是在磚石建築方面，同樣有着光輝而久遠的歷史和優秀卓越的科學創造。

　　漢代的石闕、石祠是古代石造建築的典型例子。它們雖是石造的，卻全部模仿木構的形狀，因而也可以說是當時木結構建築的範式。現在保存完好又最精美的石闕，要算四川雅安的高頤墓闕和綿陽的漢石闕，都是最珍貴的建築傑作。山東嘉祥縣和肥城縣，還有幾處漢墓前的石室，也給我們提供了不少關於古代建築的資料。

　　現在我們要談萬里長城了。萬里長城是我國土石結構建築的偉大代表，也是世界建築奇跡之一。遠在公元前七世紀前後，春秋時各諸侯國相互防禦，都建有長城。到公元前四世紀前後，我國的燕、趙、秦、魏、韓各國為了抵禦北方遊牧民族的入侵，各自修築長城。公元前 221 年，秦始皇統一中國，把各國的長城連接起來並延長，調用了 30 多萬人力連續十幾年，築成西起甘肅臨洮（今岷縣），東迄遼東，綿延幾千里的長城。秦以後，歷經漢、晉、北朝、隋、唐的修整。漢代除重修秦長城外，漢武帝時又開始增修了內蒙河套南的「朔方長城」和涼州西段長城。秦長城多是夯土的，漢長城加以改進，在夯土基礎上加鋪一層蘆葦，使城牆堅固。秦漢長

城遺址在西北處處可尋，在遺址附近常有漢文物出土。在居延（甘肅）近年就發現許多漢簡，是很有價值的歷史文物。

　　長城一直是我國北方的防禦線，遼、金、元間破壞得很厲害，明朝又恢復修築磚石的長城，規模很大，今天的長城多半是明朝的建築。明建國後，為防止蒙古貴族的再次南下和防禦日漸崛起的東北女真族，公元 1386 至 1536 年，先後進行過十幾次的修建，為了加強防禦，將過去土築城牆部分改為磚石結構，牆體外殼用整齊的城磚修築，下部是條石台，上砌磚牆及馬道，牆身內部填充碎石和黃土。牆頂地面鋪方磚，內側為宇牆，外側為垛牆，垛牆上方有垛口，下方有射洞，以便瞭望和射擊。沿線又增加了許多烽火台。

　　現在的長城西起甘肅嘉峪關，東到河北的山海關，橫亙甘肅、寧夏、陝西、山西、內蒙古、北京、河北，七個省、市、自治區，全長 6700 餘千米，工程浩大。用修築長城的土石壘成一條高 3 米寬 1 米的長堤，可以環繞地球一周。長城，它穿越了浩瀚沙漠、莽莽草原、嵯峨群山，直到渤海之濱。它，蜿蜒起伏，曲折盤旋，無比雄偉、威嚴而樸實，氣勢磅礴。它，像一條巨龍昂揚地雄踞於大地上，宇航員從太空拍攝的地球照片中，都有它清晰的身影。長城，是我國勞動人民千百年來辛苦創造的業績，它不僅是我們炎黃子孫

的驕傲，而且已是世界公認的偉大工程，也正是世界上億萬人民所景仰、嚮往的「萬里長城」！

我國古代的磚石建築，表現得最豐富的要算塔了。塔是隨着佛教傳來我國的，在古語中我們稱之為「浮屠」。我國歷代的建築工程師們，以傑出的構思，精湛的設計，吸收了印度、西域等異國的佛教建築藝術特色，和我國傳統的高層木構樓閣等建築藝術相結合，創造出獨具東方色彩的中國式的寶塔。遍佈我國各地無數的磚、石塔，主要的可分為三種類型。

（一）完全模仿原始木塔形式樓閣式的。典型的有陝西西安的大雁塔。唐僧玄奘於公元 652 年（唐永徽三年）為貯藏取回的印度佛經修建的，50 多年後塔身傾毀。公元 701 至 704 年（武則天長安年間）重修，平面方形，7 層，錐體，總高 64 米，磚砌，仿木構樓閣式，各層壁面都砌成扁柱和欄額。隋唐的塔多是四方形，大雁塔古樸凝重，充分體現了唐代磚塔建築的風格。唐代方塔還有西安興教寺玄奘塔、山西臨汾縣大雲寺方塔、江蘇高郵鎮國寺塔等。

屬於這一類型最古的磚塔，是浙江天台山國清寺塔，建於公元 598 年（隋開皇十八年），因此也叫作隋塔。它是六角形 9 層，高達 60 米。唐以後多角形的塔就多了，磚塔如杭州

大雁塔

六和塔、蘇州北寺塔等，石塔如福建泉州雙塔等。宋代的塔
出現了六角形、八角形的，這不僅使塔的外形增加了優美的
風采，更重要的是增強了塔基的承壓力和塔身的抗震抗風能
力。這是建築科學的進一步發展。

（二）中國化的窣堵坡，密檐式的。把印度窣堵坡半球形的塔身，變作正方形（隋唐）或八角形（遼金以後）的木構形式，成為全塔的重要部分，也就是第一層；以上各層用距離極密，層層重疊的瓦檐，代表了窣堵坡上部的刹，十一世紀以後，在華北有很多這樣的塔。

河南省登封縣嵩岳寺塔建於公元 520 年（北魏正光元年），是密檐式塔的典型，也是我國現存最古的磚塔。這塔的平面呈十二角形，15 層，這兩個數字在佛塔中是特殊的。塔高約 41 米；底座直徑約 10 米，塔身的角沿砌出角柱，15 層密檐層層向上緊縮，造型渾厚優美。從它的設計來說，是科學和藝術結晶的菁華。它已經歷了 1400 年的歲月，仍挺立如故，充分表現着我們祖先偉大的創造力。

再舉一例，陝西西安薦福寺的小雁塔，建於公元 707 年（唐中宗景龍元年），方形，底座每邊長 11 米，原為 15 層，現存 13 層，高約 43 米，次層以上逐層收縮，每層磚砌出檐。小雁塔於公元 1487 年（明成化二十三年）長安大地震時，從塔頂到底座裂開一尺多寬的縫；到公元 1521 年（明代正德末年）長安又地震，小雁塔不但沒有坍塌，原來的裂縫反而神奇地合上了。公元 1556 年（明代嘉靖三十四年），長安又大地震，塔頂震壞而塔身無損，完好地保持着唐代風貌。小雁

塔不僅是密檐磚塔的典型之一,而且應是我國古代建築工程的傑出範例。

其他如北京天寧寺塔、河北易縣荊軻塔、遼寧省遼陽市的白塔(高達 70 餘米)、成都寶光寺塔等都是密檐式的,分佈在各地的還有很多。

(三)形式與印度窣堵坡相近,是十三世紀以後隨着西藏的藏傳佛教傳入的,因此也被稱作喇嘛塔。北京的妙應寺白塔就是現存最古的一個實例。白塔建於公元 1281 年(元至正八年),底座面積達 1400 多平方米,台基上有兩重須彌座,托着碩大的塔身,總高度近約 70 米。當時是由在我國做官的尼泊爾工藝家阿尼哥參加設計和修建的。至於最大的一座喇嘛塔是西藏江孜縣的白居寺菩提塔(明朝修築)。以後到清朝所修高踞於北海瓊華島上的白塔,以及乾隆皇帝下江南,在揚州瘦西湖修的白塔,和妙應寺白塔造型基本上是一樣的。

從上述多種實例看來,塔是中國文化吸收了外來文化,在原有基礎上發展起來的優秀產物。我國是世界上古塔最多最豐富、藝術文物價值最高的國家之一。我國的塔,在世界建築史上獨樹一幟,具有建築結構特點和華夏文化藝術特色。同時,我國的塔一般地說都是高層建築,從 20 多米到

80 多米高（最高的磚塔是河北定縣的開元寺塔，高達 84 米，北宋咸平四年到至和二年，即公元 1001 年到 1055 年修成）。在全靠人力勞動，沒有任何現代化的建築工具和機械的條件下，修建起一座相當於現在七八層到 30 層高樓的塔，到現在也難以說清當時是怎樣施工的。我們的祖先們真是發揮了非凡的智慧。

在祖國大地上，於茂林峻嶺名刹古蹟勝地，矗立着無數千姿百態的塔，而在潺湲、浩渺、奔流的江河上，卻橫跨着無數千姿百態的橋。橋，連接兩岸便利着廣大人民的交通。據《詩經》所說「造舟為梁」，遠在 3000 年前這就是最早的橋梁（浮橋）了，實際上也可以說浮橋是橋梁的先聲。在歷史上有名的橋如：長安的灞橋、北京的盧溝橋、福建泉州的洛陽橋，等等。

從工程技術來說，一定要提出北方無人不曉的「趙州橋」，在民間「小放牛」的俚歌中就有對趙州橋的誇讚。河北省趙縣的安濟橋，也稱趙州橋，俗稱大石橋。它橫跨在洨河上，全長 50 米，是單孔石拱橋的典型。在隋朝（公元 605 至 616 年）修建，據唐《石橋銘序》說，完成這個偉大工程的是當時天才的工程師李春。趙州橋跨長 37 米，跨度大而弧形平，在大券（quàn）兩端各加兩個小券，起到減輕橋身自重、

河北趙縣安濟橋（趙州橋）

加速宣泄洪水的作用，並且增加拱橋的美觀，寓秀逸於雄偉
之中。歷代人民對於李春這樣出色的貢獻，無不歎服，石橋
上遺留着不少銘刻，頌讚這座偉大工程的完成。同時，由於
它的實用性，各地人民也率相仿建。在趙縣城西清水河上的
永通橋（俗稱小石橋，公元 1190 至 1195 年修建），山西晉城
城西沁水河上的景德橋（俗稱西大橋，公元 1189 至 1191 年
修建），結構造型都和趙州橋基本上一樣。李春創造了世界
上第一座「空撞券橋」，這種做法，在歐洲到 1912 年才初次
出現，比我們晚了 1300 多年。而在這 1300 多年來，趙州橋

卻承托了千百萬行人，車馬、馱載的往來，經受了洪水、
地震的考驗，安穩堅固地橫跨在浢河上，空靈俊逸，風采
依然！

　　在水面寬闊的河流上，單拱橋當然不能適用，我們的祖
先又創造出「聯拱橋」。在北京西南豐台區永定河（舊稱盧溝
河）上的盧溝橋，是北京現存最古的聯拱石橋。盧溝橋始建
於公元 1189 年（金大定二十九年，明、清重修），全長 260 多
米，寬 7.5 米，下有 11 個拱洞。在工程設計上採取了一些
傑出的措施，一是兩相鄰拱洞都有一個共同的拱腳，以加強
拱橋整體的承載力，二是將橋墩前端修成尖嘴，以加強其分

北京盧溝橋

流、破冰的作用。橋身兩側石欄上，雕有 485 個神態各異的石獅，又是精緻的藝術品。意大利旅遊家馬可‧波羅（公元 1254 至 1324 年）曾在他的遊記中稱讚：「它是世界上最好的、獨一無二的橋。」1937 年 7 月 7 日，日本帝國主義就是在這裡發動侵華戰爭，受到中國駐軍的奮起抗擊，點燃了抗日戰爭的烽火，因此「七七事變」也稱作「盧溝橋事變」。盧溝橋不僅是一座雄偉的古橋，而且是有重要歷史意義的革命紀念地。

有名的蘇州寶帶橋，始建於唐代，跨越運河上，全長 370 米，有 53 個拱洞，同屬於聯拱橋，但是結構設計又有一些特殊措施，特別是中間三孔採取了拱背橋的形式，造型別具一格。

在水流湍急的河流上，進行造橋工程困難很大，我們的祖先又創造出梁式橋型，將拱橋的涵洞改變。福建的洛陽橋是負有盛名的梁式石橋。洛陽橋位於泉州與惠安縣分界洛陽河入海口上，公元 1053 至 1059 年，由北宋郡守蔡襄（大書法家）主持造橋工程。橋原長約 1200 米，寬約 5 米，有 46 個橋墩，歷經修理，現長約 830 餘米，寬 7 米，殘存橋墩 31 座。在江海匯合處，江潮洶湧，海濤澎湃，建造橋基非常艱難，多次進行工程都失敗了。廣大橋工和工程人員辛勤鑽研探

索，創造出一種辦法：沿橋梁中線向水中拋擲大量石頭，形成一條橫跨江底的矮石堤，提高江底標高 3 米以上，然後在石堤上造橋墩。這種成功的創造，一直到近代才被人們所認識，稱作「筏型基礎」的新型橋基，實是洛陽橋對世界橋梁建築科學的一大貢獻。為了鞏固橋基，他們還在橋下養殖了大量牡蠣，巧妙地利用這種海生動物的附着力強和繁殖迅速的特性，把橋基和橋墩膠結成牢固的整體。這個「種蠣固基法」確是橋梁建築史上最奇妙的發明；在世界上，也是把生物學應用於橋梁工程的創例。洛陽橋的橋墩構造也很有特色，它全部是用大長條石齒牙交錯地疊砌的，兩頭做尖嘴以分水，最上面兩層石條則向左右挑出，使墩面加寬，以減少橋面石梁板的跨度。這些高明的做法，都顯示了我們祖先的無窮智慧。

洛陽橋的建造成功，為以後大規模造橋工程，積累了豐富的經驗，南宋時在泉州又相繼落成著名的安平橋、盤江橋等。洛陽橋是我國第一座海港大石橋，它的建成，對我國中世紀海外交通事業的發展起着重大作用。南宋時，泉州和廣州成為全國最大的商港；到元朝，泉州空前繁榮，它與埃及的亞歷山大港並稱為世界最大的貿易港。一橋橫渡，不僅使天塹變通途，而且為海外交通、國際貿易立下了豐碑。

江西廬山觀音橋

　　還要特別提到一座古石橋，在江西廬山南山下棲賢谷中的「觀音橋」，是單拱的，橫跨在深澗上，長 24 米許，寬 4 米許，由厚約 0.7 米、長約 0.9 米的 105 塊花崗岩石塊構成，共有 7 排，每排 15 塊，中間的一排大石寬約 0.72 米，其餘 6 排的都寬約 0.65 米。7 排石塊鑿有公母榫相扣鎖，完全不用泥漿塗黏。據橋下拱石上所鑿題記 (38 個大字、兩行小字)，觀音橋建於公元 1014 年 (北宋祥符七年)，建造者是江州 (今九江地區) 的陳智福、智汪、智洪三兄弟。觀音橋橫跨百尺

大壑，橋基立在東西懸崖上，橋下是漢陽峰五老峰間匯集的
湍流。絕壁激浪，想當年在這樣險峻的地勢設計施工是多麼
的艱巨，而這橋已磐石般地枕臥在蒼松翠柏之間經受了千年
的風雨，無聲地服務於人民。特別是 105 塊花崗岩，不用泥
漿，完全靠榫接凝集成一個堅固的整體，這實在是無比先進
的，科學的，使人不能不讚歎。陳氏三兄弟實在是出類拔萃
的工程師，創造出稀世的橋梁瑋寶。據説觀音橋現在已列入
世界橋梁史。

　　在西南各地由於江流湍急，橋基不易建立，我們的祖先
因地制宜，創造了索橋。在工程史上，索橋無疑是我國人民
對人類文化的又一大貢獻。索橋有用鐵鍊的，創造了鐵索
橋，著名的有大渡河的鐵索橋。還有就地取材，天才地利
用竹索的，既減輕橋身重量，同時，竹索也不像鐵索那樣沉
重，即使河面再闊，索橋再長，竹索也很少發生中斷的危險。
四川灌縣竹索橋（安瀾橋），是索橋中典型的例子，始建於
宋以前，全長 500 米，懸掛在寬 320 多米的岷江上，位於都
江堰魚嘴上，像一帶縷花的絲帶，聯繫着兩岸人民的交通往
來，使之生活融合成一片（現已改為混凝土樁鋼纜）。

　　橋，在無數有才華的橋梁建築者的長期勞動中，又獨出
心裁地設計出各種新穎的形式，比如廣西桂林的花橋、甘肅

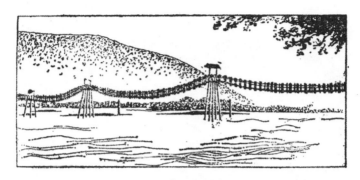

四川灌縣竹索橋

渭源的臥橋、福建永春縣的東關橋、揚州瘦西湖的五亭橋等，都是在橋身之上再加一層，或是屋頂，或是長廊，或是亭閣，不僅便於行旅交通，還可遊憩觀賞，這是橋梁、木構建築相結合的進一步發展。像揚州的五亭橋，非但造型典麗，結構也別緻，橋下四翼共有 15 個券洞，當月明之夜，每個洞中都映着一個圓月，建築工程師苦心孤詣地設計創造出這樣的奇觀。

　　自從周初起，中國的城邑就有了制度和規劃。城址一般是方形，城內前朝後市，兩旁是老百姓的住宅；每一城門總通有一條大街。全城劃分為多少區域，早期叫作里，唐以後叫作坊。

　　歷史上有名的都城長安，便是這樣建築的。秦始皇滅六

國建立了第一個統一的封建制國家，都城咸陽就在長安地區。漢高祖時（公元前三世紀初）由陽城延設計營建了長安城和未央宮，天才地規劃了完整的全國性首都。長安的規模，曾經影響到日本，後來日本的平安京就是完全模仿長安修建的。

公元六世紀末，漢朝的長安已經毀壞，隋文帝楊堅重新統一中國後，就命令高熲（jiǒng）和宇文愷（kǎi）等在長安東南修建新都城——大興城。宇文愷是我國古代著名的建築學家，他曾負責規劃和建築大興城、洛陽，開鑿通惠渠，修復長城等大型土木工程，他對城市綠化和給排水工作都有特殊貢獻，他還用比例尺（以一分為一尺即 1：100）設計圖紙，也是傑出的創造。大興城的設計、規劃、修築，整個工程都由宇文愷負責，高熲不過徒掛虛名。由於規劃周密，設計合理，對人力物資組織精細、管理嚴緊、建都工程進展迅速。自公元 582 年（隋開皇二年）六月開工，當年十二月基本完成，翌年三月就遷入使用，前後歷時僅九個月。大興城面積有 84 平方千米（七倍於清代的長安），是我國歷史上最大的都城，也是歷史上最早最有規劃的都城。大興城總的佈局是有中軸線，東西對稱，並且第一次實行了分區規劃，里坊區劃分明，皇宮、衙署、住宅、商市都有一定的位置。全城有

三部分，建築有序，先建的宮城，在城中心北部，是皇帝居住和執政的地方；再建皇城（子城），在宮城之南，是中央官置區；最後建郭城（羅城），圍繞在宮城皇城三面；三城都有城牆圍護。在郭城裡南北並列大街 14 條，東西平行大街 11 條，分成 108 個里坊（方形、有坊牆、四周開門，也有説是 109 坊的），整齊有序，交通方便，主要的街道寬達 150 米至 200 米以上，各條道路兩旁鑿有排水溝，種植樹木。從南門明德門到皇城朱雀門的大街是中軸主幹道，東西各有市場，每市佔兩坊，是全城主要的商業區，集中了商店、手工業店坊等，市中店鋪又按行業分片佈置。其他里坊是居民區。

唐代都城長安就是隋的大興城，在原有的基礎上擴建了兩處龐大的宮殿群（大明宮和興慶宮），增築了許多佛寺和風景點，疏鑿了曲江池，修築漕渠等，使長安城更為堂皇。由於唐代中期以前我國的政治、經濟、文化、外交各方面的發展，被稱為我國封建社會的「盛世」，所以當時的長安不僅是全國政治、經濟、文化的中心，而且和鄰近各國及地區如日本、朝鮮、東南亞、阿拉伯的友好往來和貿易，也成為了繁榮的國際城市。

一個城市特別是都城的規劃設計，必然要聯繫到許多複雜的因素和條件：地形、水源、交通、環境保護、城市管理、

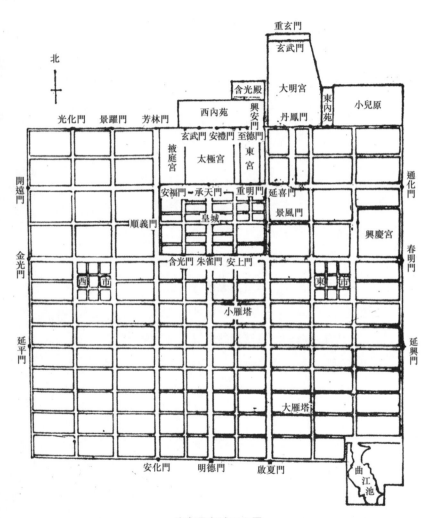

北

光化門　景躍門　芳林門

重玄門

玄武門

大明宮

含光殿

西內苑

興安門

丹鳳門

東內苑

小兒原

開遠門

玄武門　安禮門　至德門

披庭宮　太極宮　東宮

通化門

安福門　承天門　重明門

延喜門

景風門

皇城

順義門

興慶宮

春明門

金光門

含光門　朱雀門　安上門

西　市

東　市

延興門

小雁塔

延平門

大雁塔

曲江池

安化門　明德門　啟夏門

隋唐長安城示意圖

　　軍事防禦以及文化教育、經濟建設等，並且要對所遇到的一切複雜問題，能全面地考慮分析而給以妥善合理的解決，這需要高度的文化科學水平和一定雄厚的經濟力。在 1300 多年前，隋唐長安的建成，就不僅是一個城市、一個都城的建設，而是我國古代文化、科學、經濟諸方面高度發展的標誌。

　　從對於廣大人民居住房屋的佈局說，我國的「一宅房子」，都是由幾個單位的主要房屋、附屬的廊廡（wǔ），和圍繞着一個或多個庭院所組成的，這和歐洲的習慣，先把單幢建築物作為一宅房子的整體，再將內部區分為各個單位的辦法，是不同的。我們的這種庭院，將一部分戶外空間，組織到建築以內。這樣，人住在裡面，可以滿足陽光、空氣和其他像花木等調劑生活的要求。這種建築物的優點，到最近，才在歐美建築師的隊伍裡受到重視，並且使他們也接受了內外聯繫打成一片的建築觀點。

　　關於建築的著作，我國最古的當是公元前四世紀時的《周禮‧考工記》，西洋最古的著作是羅馬帝國時期，也就是公元前 30 年到公元 14 年間，維脫魯維所著的《建築論》，比我國《考工記》晚了約四個世紀。維脫魯維的書，直到 1486 年才在羅馬用拉丁文出版，1521 年譯成意大利文，以後漸次普及歐洲各國。

　　我國在《考工記》之後，有宋朝中葉喻皓所著《木經》。但是最完備的專著，應是李誡所著的《營造法式》，可以說它是 2000 年來我國木架結構建築經驗的總結。他把梁架和斗拱部分，寫作「大木作做法」；關於磚石、牆壁、門窗、油飾、屋瓦等部分，分別寫作「小木作做法」「彩畫作做法」和「瓦作做法」。《營造法式》也是世界上早期的、最完備的建築學專著。當 1925 年，朱啟鈐（qián）先生校訂重刊《營造法式》，一共印了千部，大半被歐美日本的人士購去，可見這書的價值，也就是說我國的古建築，在國際上是怎樣地受到普遍的重視。

原版後記

　　我們祖國有着豐富的歷史遺產、光輝無比的科學創造；在這本小冊子裡，要把它完全容納，是不可能的。而且，有好些史料，還沒有系統地整理出來；就是它們的真實性也需要考慮。比如說：有許多是古代的傳說，也有許多是後人的牽強附會，像諸葛亮的「木牛流馬」之類。還有許多關於機械的記載，是外行人的表面描寫，並無科學的價值；更有一些過分的渲染，多半是一種想像。例如：

　　《拾遺記》：「秦始皇好神仙之事，有宛渠之民，乘螺舟而至。舟形似螺，沉行海底而水不侵入，一名淪波舟。」

　　《志怪》：「奇肱國民，能為飛車，從風遠行，至於亶（dǎn）州，傷破其車，不以示民，十年西風至，復使給車而歸。」

　　《玉海》也引了同樣記載，略微改變：「湯時奇肱國民能為車，從風遠行……奇肱車至於豫州。」

　　《山海經》渲染得更過分，「海外西經」說：「奇肱國善製飛車，遊行半空，日可萬里。」（編者註：查《山海經·海外西經》原文無此段記載）

在那樣早的年代，「飛車」是不可能有的。但是，如果把它看作是車上加帆，就不稀奇了。現在，在青島附近，還有這種在車上加帆的工具。

我們也可以用常識判斷，有許多事物的發明、發現，一定是經過長期的演變，而且結合了無數勞動人民的智慧，才取得的成就；但是，這種演變的過程，在史料裡或是不記載，或是失傳了。例如，要查火藥、指南針的發明過程，就有這種情形。

很多上古的史料，不免含有相當多的傳說成分。這些傳說，應該利用考古學的材料，給予分辨。

這本小冊子盡可能引用了已經整理好的材料，有：竺可楨著《中國古代在天文學上偉大的貢獻》，華羅庚著《數學是我國人民所擅長的學科》，君愚著《李冰父子和都江堰》，梁思成著《我國偉大的建築傳統和遺產》，馮玉明、李志超著《中國古代生物學的知識》（以上各文都見《人民日報》），還有我在《中國青年》發表的《中國古代的科學創造》《中國古代的三大發明》，以及李儼著《中國算學史》，鄭肇經著《中國水利史》，朱文鑫著《天文考古錄》等。

這本小冊子也盡可能採用原始的材料。例如：清阮元撰《疇人傳》，清戴震校《算經十書》，北魏賈思勰著《齊民要

術》，明徐光啟著《農政全書》，元官撰《農桑輯要》，明宋應星著《天工開物》，宋李誠著《營造法式》（朱啟鈐校本），宋沈括著《夢溪筆談》，元歐陽玄著《至正河防記》等。

關於指南車，王振鐸在前北平研究院《史學集刊》第三期發表的指南車、記里鼓車的考證，給我很多啟示。關於機械工程方面，劉仙洲的《中國機械工程史料》是主要的參考書。因為時間倉促，很多地方沒有能做深入的研究和充分的考慮。也有許多材料，根本沒有錄入，例如我國在醫學、冶金、物理、化學方面的貢獻。這是要向讀者道歉，並且希望將來能有機會補寫的。

修訂版後記

本書原版有 6 萬餘字,這次修訂出版,除機械一章外,對各章都進行了較大的增刪改寫,總篇幅約增加了一半達到 9 萬多字,並增加了大量的插圖和照片。在修訂過程中,參閱了一些有關資料,並且將近年來訪問全國各地所得的實際材料,摘要補敘,使我又受到教育和鼓舞。遺憾的是對於醫學、冶金、物理、化學方面,我國歷史上的卓越貢獻,這次仍未能補寫,再次向讀者道歉,並寄希望於將來。

在這裡要感謝中國青年出版社同意將原書版權轉讓給重慶出版社,也要感謝重慶出版社領導和責任編輯的全力支持和辛勞,沒有他們的努力,本書的改寫再版是不可能的。同時,承蒙鄭孝燮、羅哲文、陳鼎文諸同志和廣西興安縣旅遊局,提供了寶貴的照片和資料,使得本書能更加充實。在此一併致謝。

錢偉長

1987 年 10 月於北京木樨地

責任編輯	莫匡堯
封面設計	霍明志
版式設計	彭若東
排　　版	周　榮
印　　務	馮政光

書　　名	中國歷史上的科學發明 (插圖本)
作　　者	錢偉長
出　　版	香港中和出版有限公司 Hong Kong Open Page Publishing Co., Ltd. 香港北角英皇道 499 號北角工業大廈 18 樓 http://www.hkopenpage.com http://www.facebook.com/hkopenpage http://weibo.com/hkopenpage Email: info@hkopenpage.com
香港發行	香港聯合書刊物流有限公司 香港新界荃灣德士古道 220－248 號荃灣工業中心 16 樓
印　　刷	美雅印刷製本有限公司 香港九龍官塘榮業街 6 號海濱工業大廈 4 字樓
版　　次	2021 年 5 月香港第 1 版第 1 次印刷
規　　格	32 開 (130mm×195mm) 224 面
國際書號	ISBN 978-988-8763-07-8

© 2021 Hong Kong Open Page Publishing Co., Ltd.
Published in Hong Kong